Generis
PUBLISHING

AF679184

La quête de l'eau en République Démocratique du Congo

Facteurs influençant le choix des sources d'approvisionnement en eau potable des ménages

Pascal KAZWENGA MASAWULA

Title: La quête de l'eau en République Démocratique du Congo

Facteurs influençant le choix des sources d'approvisionnement en eau potable des ménages

ISBN: 979-8-89966-102-0

Author: Pascal KAZWENGA MASAWULA

Cover image: Author

Publisher: Generis Publishing
Online orders: www.generis-publishing.com
Contact email: info@generis-publishing.com

EPIGRAPHIE

Nous ne pourrons vaincre aucune des maladies infectieuses qui affligent les pays en développement tant que nous n'aurons pas gagné la bataille pour l'eau potable, l'assainissement et les soins de santé de base.

Kofi Annan

Ancien Secrétaire Général de l'ONU

DEDICACE

A mes enfants Pascal, Pax, Parfaite et Palmira KAZWENGA

Je dédie ce travail

PREFACE

Benjamin Franklin (1706-1790), scientifique, inventeur et homme politique américain, s'est une fois moqué de ces gens qui pensent que l'eau sort du robinet comme le lait sort de la vache. Mais quand les puits s'épuisent, dit-il, ils se rendent vite compte de la valeur de l'eau. Cette pensée combien louable souligne l'importance de la gestion de l'eau, en tant que ressource économique, et non une simple « *res nullius* » (ressource libre) ou ressource providentielle divine. ***Pascal Kazwenga Masawula*** martèle cet aspect dans une thèse de master qu'il a développée, avec rigueur scientifique et pertinence, au Programme International de Master en Ressources en Eau (PIMRE) de l'Université de Kinshasa. Sa thèse tourne autour des enjeux contemporains de l'accès à l'eau potable de qualité en République Démocratique du Congo, et plus particulièrement dans la Zone de Santé de Mbanza-Ngungu, au Kongo Central. Cette problématique sociale est cruciale à une époque dominée par des changements globaux tels que la pollution atmosphérique et le changement climatique dû à l'industrialisation à outrance des économies mondiales et à la destruction des écosystèmes naturels. C'est une recherche appliquée aux défis du développement durable, qui s'inscrit parfaitement dans la dynamique contemporaine de la transdisciplinarité promue par la Commission de ***Brundtland*** (1987) et ***Agenda 21*** de Rio de Janeiro, 1992.

L'auteur y examine avec minutie la rentabilité socio-économique et qualité physicochimique et bactériologique de l'eau consommée par les populations de la Zone de Santé de Mbanza-Ngungu, révélant ainsi les enjeux complexes qui entourent l'approvisionnement en eau potable dans les pays en développement. Son approche transdisciplinaire témoigne d'une maturité scientifique remarquable, conjuguant à la fois des analyses de laboratoires physique, chimique et bactériologique, au côté de la prédiction statistique avancée. Cette démarche méthodologique permet une compréhension holistique des facteurs déterminant les critères de choix objectif d'approvisionnement en eau des populations, au-delà du simple calcul de coût-bénéfice. L'ouvrage devient du coup un « *Must-Read* » parce qu'il illustre parfaitement le concept de "*Water Poverty* » (Pauvreté hydrique), cher à ***CN Luwesi*** et à d'autres scientifiques investis dans le domaine de l'économie de l'eau. Il présente en outre, sous un jour nouveau, les réalités contrastées de l'accès à l'eau potable en République Démocratique du Congo dans son originalité, que je vous recommande vivement de les découvrir en lisant patiemment ce manuel.

Par ailleurs, cet ouvrage est également attrayant dans son ancrage territorial, puisque l'auteur offre une analyse fine des spécificités locales de la Zone de Santé de Mbanza-Ngungu, tout en contribuant à une meilleure compréhension des enjeux nationaux, régionaux et mondiaux. Sa valeur scientifique indéniable témoigne de l'engagement d'une nouvelle génération de chercheurs africains déterminés à apporter des solutions innovantes aux défis de leur continent. Il incarne l'espoir d'un avenir où l'accès à l'eau potable ne sera plus un privilège, mais bien un droit à la vie et à la longévité, effectivement garanti par toutes les constitutions du monde. De ce fait, ***Pascal Kazwenga Masawula*** apporte une contribution scientifique précieuse à l'application des principes de la Gestion Intégrée des Ressources en Eau (GIRE). Il offre de pistes concrètes pour l'amélioration de l'accès à l'eau potable dans la perspective de l'Objectif de Développement Durable (ODD) n°6, visant à "garantir l'accès de tous à l'eau et à l'assainissement et assurer une gestion durable des ressources en eau" d'ici 2030.

Je recommande vivement cet ouvrage comme ressource d'avant-plan aux décideurs politiques, investisseurs et professionnels du secteur de l'eau, dont l'intérêt est d'assurer la santé publique à travers le développement durable et la gestion des ressources en eau en Afrique subsaharienne. Le manuel reste enfin une référence incontournable pour la communauté scientifique dans sa quête du bien-être des populations face aux enjeux contemporains de l'accès à l'eau potable dans le continent africain.

Fait à Kinshasa, le 20 Août 2025

Prof. Dr. Cush Ngonzo Luwesi, PhD
Directeur Général du *Centre International pour la Recherche Multidisciplinaire Appliquée (CIRMA)*

REMERCIEMENTS

Toutes les personnes et structures présentées ci-après ont contribué à l'élaboration et à la finalisation de ce Mémoire. A qui nous présentons les remerciements les plus chaleureux.

Nous adressons particulièrement nos remerciements aux membres de notre comité d'encadrement de ce Mémoire, les Professeurs Cush NGONZO LUWESI et Yvonne IBEBEKE BOMANGWA SAILA, les promoteurs, pour avoir accepté de parrainer cette recherche en dépit de leurs multiples occupations. Nous avons l'honneur de vous avouer à quel point votre disponibilité, votre rigueur scientifique, votre aide compétente, votre œil critique et vos directives ont été pour nous d'un grand profit et au même titre, une source de réconfort et d'épanouissement.

Aux autorités académiques de l'Université de Kinshasa, spécialement Monsieur le Recteur, Professeur Jean- Marie KAYEMBE, ainsi que la Secrétaire Générale à la Recherche, Professeure Marie-Claire YANDJU, qui ont cru en ce Programme International de Master en Ressources en Eau (PIMRE) en acceptant son installation au sein de l'université dont ils ont la responsabilité.

Au Directeur de l'Ecole Régionale de l'Eau, le Professeur Raphaël TSHIMANGA MUAMBA, pour sa vision éclairée de la gestion intégrée des ressources en eau en initiant ce programme et son management.

A tout le corps professoral de ce programme pour le dévouement et l'abnégation.

Aux responsables du Laboratoire central de la REGIDESO S.A. à Kinshasa qui nous ont accueilli et nous ont facilité la tâche à réaliser nos analyses dans des bonnes conditions de travail, particulièrement à Madame Fyfy MUDERHWA MULANGALA, Cheffe de Division Laboratoire et Monsieur Danny KIANAWA KINAKINA, Chef de section Qualité de l'eau.

Aux autorités politico-administratives et sanitaires du Territoire de Mbanza-Ngungu à tous les niveaux pour leur collaboration lors de nos recherches.

A tous nos collègues de cette première promotion du PIMRE pour les échanges et la collaboration.

A notre famille, restreinte et élargie pour le soutien tant moral, humain que matériel durant toutes ces deux années de privation et de sacrifice.

Nous remercions finalement tous ceux qui ont collaboré de près ou de loin à la réalisation de ce travail et qui ne sont pas nommément cités. Nous adressons également nos remerciements aux personnes qui, par leur action négative, nous ont permis de puiser encore assez d'essence pour faire mieux ce mémoire.

Pascal KAZWENGA MASAWULA

LISTE DES SIGLES

A/P	: Absence/Présence
ABAKIR	: Autorité du Bassin du Lac Kivu et de la Rivière Ruzizi
ACP	: Analyse en Composante Principale
AEP	: Alimentation en Eau Potable
AFCM	: Analyse Factorielle des Correspondances Multiples
ALT	: l'Autorité du Lac Tanganyika
ANAPI	: Agence Nationale pour la Promotion des Investissements
ASUREP	: Association d'Usagers de Réseaux d'Eau Potable
CAH	: Classification Ascendante Hiérarchique
CENUA	: Commission Economique des Nations Unies pour l'Afrique
CICOS	: Commission Internationale du Bassin du Congo-Oubangui- Sangha
CNAEHA	: Comité National d'Action de l'Eau, de l'Hygiène et de l'Assainissement
CNUED	: Commission des Nations Unies pour l'Environnement et le Développement
COVID-19	: Maladie à Corona Virus découverte en 2019
DD	: Développement Durable
DDASS	: Direction Départementale des Affaires Sanitaires et Sociales
DEP	: Demande en Eau Potable
DPD	: Diéthyl-p-phénylènediamine
DPS	: Division Provinciale de la Santé
EDTA	: Acide Ethylène Diamine Tétracétique
ENSP	: Ecole Nationale Supérieure de Pâtisserie
FAO	: Organisation des Nations Unies pour l'Alimentation et l'Agriculture
FCFA	: Francs des Colonies Françaises d'Afrique
FFOM	: Forces, Faiblesses, Opportunités et Menaces
FM	: Filtration sur membrane

GIRE : Gestion Intégrée des Ressources en Eau
INS : Institut National de Statistique
ISO : Organisation internationale de standardisation
J.O. : Journal officiel
MEDD : Ministère de l'Environnement et Développement Durable
MES : Matière en suspension
MUG : Méthylumbelliferyl-β-D-glucuronide
OCDE : Organisation de Coopération et de Développement Economique
ODD : Objectif de Développement Durable
OMS : Organisation Mondiale de la Santé
ONG : Organisation Non Gouvernementale
ONU : Organisation des Nations Unies
pH : Potentiel Hydrogène
PIB : Produit Intérieur Brut
PIMRE : Programme International de Master en Ressources en Eau
PNUD : Programme des Nations Unies pour le Développement
PNUE : Programme des Nations Unies pour l'Environnement
PPP : Principe Pollueur-Payeur
PtCo : Platine Cobalt
PU : Prix unitaire
PUP : Principe Utilisateur-Payeur
PVG : Pas de valeur guide
RDC : République Démocratique du Congo
REGIDESO : Régie de Distribution d'eau
SNEL : Société Nationale d'Electricité
TA : Titre alcalimétrique
TAC : Titre alcalimétrique complet
TDS : Solides totaux dissous
UFC : Unité formant colonie

UNICEF : Fonds des Nations Unies pour l'Enfance

UNT : Unité Néphélométrique de turbidité

USD : Dollar américain

ZS : Zone de santé

RESUME

La disponibilité de l'eau en quantité et en qualité est un facteur primordial au développement socio-économique d'un pays, en dehors du fait que l'accès à l'eau potable, aux services d'assainissement et d'hygiène est un droit fondamental de l'homme. Alors que les économies des pays en voie de développement accusent des retards énormes d'investissement dans le secteur de l'eau potable, ce qui limite son accès à la majorité de la population et peut également justifier le développement des eaux alternatives avec leurs corolaires sur la qualité. Ce mémoire de fin d'études avait pour objectif général d'évaluer la qualité de l'eau douce consommée par les populations de la zone de santé de Mbanza-Ngungu. Comme objectifs spécifiques, il était question de calculer la proportion des ménages ayant accès à l'eau distribuée par la REGIDESO dans la ZS de Mbanza-Ngungu, de déterminer les facteurs explicatifs du choix de l'eau de la REGIDESO en tant que source d'approvisionnement en eau potable et d'analyser les caractéristiques des paramètres de potabilité (physico-chimiques et bactériologiques) des eaux de consommation à Mbanza-Ngungu. Pour étudier cette problématique d'approvisionnement en eau potable par les ménages de la zone de santé de Mbanza-Ngungu, des enquêtes ont été réalisées auprès des ménages et des interviews auprès des autorités politico-administratives, de la santé, de l'eau et énergie ainsi qu'auprès des responsables du centre local de la REGIDESO de Mbanza-Ngungu et des ONG locales. L'analyse documentaire a permis la lecture de rapports techniques et scientifiques, ... En plus, des analyses physico-chimiques et bactériologiques des échantillons d'eau de quelques sources d'approvisionnement ont été réalisées. Les paramètres concernés sont : l'indice permanganate, la conductivité, la température, le pH, la couleur, la turbidité, le fer total, les TDS, le TA, le TAC, la dureté, les chlorures, les nitrates, les nitrites, les phosphates, le chlore résiduel, les sulfates, les coliformes totaux, les coliformes fécaux, l'Escherichia Coli et les streptocoques fécaux. Les caractéristiques physico-chimiques et bactériologiques ont été décrites dans le cadre de ce Mémoire à l'aide des analyses statistiques, notamment l'ACP, l'AFCM et la CAH, en vue de comparer les différentes sources d'approvisionnement en eau par les ménages du point de vue de la potabilité. Les résultats de cette étude montrent que le taux de desserte de l'eau de la REGIDESO est faible, soit 26% des ménages, ce qui contribue ainsi au développement des eaux alternatives. Cela a pour effet de diminuer la pression sur l'eau de la REGIDESO mais expose leurs consommateurs aux risques sanitaires. Le Genre du chef de ménage, le Niveau d'études du chef de ménage, la Profession du chef de ménage, l'appréciation du Prix de l'eau de la REGIDESO et l'appréciation de la Qualité de l'eau de la REGIDESO constituent des facteurs déterminants du choix de la REGIDESO en tant que source d'approvisionnement en eau potable par les ménages de la zone de santé de Mbanza-Ngungu. La classification des caractéristiques a permis de comprendre la similitude et la dissemblance entre les sources d'approvisionnement en eau potable, ce qui peut être utile pour prendre des décisions sur l'utilisation de ces sources et les besoins en matière de traitement de l'eau. La résolution ou l'analyse de la projection des individus sur les plans factoriels PC1 et PC2 a donné les caractéristiques physico-chimiques décrites ci-après :

Primo, corrélées positivement avec l'axe PC1, ces sources d'eau 8 et 9, soit Source Kumbi et Source Nzenze sont caractérisées par des eaux dures, riches en Fer total, fortement colorées et turbides. Négativement corrélés à l'axe PC1, 5, 6 et 7, soit Puits Avenue Nseka, Forage Aqua Kola et Source Tadila sont moins dures, riches en Nitrates et Nitrites. Secundo, corrélées positivement avec l'axe PC2, ces sources d'eau 1, 2 et 4, soit les deux robinets de la REGIDESO et Puits Avenue Athénée n°17, sont caractérisées par les eaux salines, riches en Chlorures, Sulfates, Conductivité et Solides totaux dissous. Négativement corrélé avec le PC2, source d'eau 3, soit Puits Avenue Yukula n°50, avec une eau moins dure. L'examen de la colinéarité des paramètres montre une corrélation très significative entre quelques paramètres, ci-après : Couleur et Turbidité ; pH et Indice permanganate, Conductivité et TDS ; Nitrites et Dureté et Sulfates et TDS. A propos des caractéristiques bactériologiques, les sources W (Robinet REGIDESO Avenue Athénée n°27), P (Robinet REGIDESO Garage EX-TP) et AK (Forage Aqua Kola) répondent aux directives de l'OMS, par contre les sources L (Puits Avenue Yukula n°50) et C (Source Tadila) se rapprochent des directives de l'OMS. Les autres sources telles que V (Source Nzenze), K (Source Kumbi) et Q (Puits Avenue Nseka n°30) ne répondent pas aux directives de l'OMS, parce que porteuses d'indices de contamination aux excréments d'animaux à sang chaud. Nous pouvons conclure que les eaux douces consommées par les populations de la zone de santé de Mbanza-Ngungu ne présentent pas de pollution particulière. Elles sont dures ou salines à cause de la géochimie du sol et du sous-sol. Nous recommandons des politiques et des programmes d'approvisionnement en eau plus appropriés et plus précis, en mettant l'accent sur les variations régionales et les ménages défavorisés en vue de réduire les inégalités et d'accélérer l'accès à des sources d'approvisionnement améliorés. Les recommandations incluent de se concentrer sur les bornes-fontaines publiques et les forages communautaires comme mesures provisoires tout en déployant davantage d'efforts pour développer l'approvisionnement en eau courante à long terme, des interventions ciblées dans les communautés pauvres et les régions marginalisées. Une majorité des ménages est davantage ignorante des répercussions sanitaires, environnementales et économiques des pratiques alternatives d'approvisionnement en eau potable. Que les autorités politiques et sanitaires puissent sensibiliser et éduquer la population à constituer des comités locaux pour la gestion de l'eau afin de fournir de l’eau de qualité à un prix négocié. Enfin, l’application des principes de la GIRE peut assurer la durabilité de l’approvisionnement en eau potable.

Mots-clés : Paramètres de potabilité, Sources d'approvisionnement en eau, Zone de santé de Mbanza-Ngungu

ABSTRACT

The availability of water in quantity and quality is a key factor in the socio-economic development of a country, apart from the fact that access to safe drinking water, sanitation and hygiene services is a fundamental human right. While the economies of developing countries are lagging behind in terms of investment in the drinking water sector, which limits its access to the majority of the population and can also justify the development of alternative water with its corollaries on quality. The general objective of this end-of-study thesis was to assess the quality of the fresh water consumed by the populations of the Mbanza-Ngungu health zone. Specific objectives included calculating the proportion of households with access to water distributed by REGIDESO in the Mbanza-Ngungu health zone, determining the explanatory factors for the choice of REGIDESO water as a source of drinking water supply, and analysing the characteristics of the drinking water (physico-chemical and bacteriological) drinking water parameters in Mbanza-Ngungu. To study this problem of drinking water supply by households in the Mbanza-Ngungu health zone, household surveys were carried out and interviews were conducted with the political-administrative, health, water and energy authorities as well as with the managers of the local REGIDESO center in Mbanza-Ngungu and local NGOs. The literature review allowed the reading of technical and scientific reports, ... In addition, physico-chemical and bacteriological analyses of water samples from some water sources were carried out. The parameters concerned are: permanganate index, conductivity, temperature, pH, colour, turbidity, total iron, TDS, TA, TAC, hardness, chlorides, nitrates, nitrites, phosphates, residual chlorine, sulphates, total coliforms, faecal coliforms, Escherichia coli and faecal streptococci. The physico-chemical and bacteriological characteristics have been described in this thesis using statistical analyses, in particular the PCA, the AFCM and the CAH, as a comparison of different sources of water supply by households from the point of view of potability. The results of this study show that the water supply rate of REGIDESO is low, i.e. 26% of households, which contributes to the development of alternative waters. This has the effect of reducing the pressure on the water of the REGIDESO but exposes their consumers to health risks. The gender of the head of household, the level of education of the head of household, the occupation of the head of household, the appreciation of the REGIDESO water price and the assessment of the REGIDESO water quality are determining factors in the choice of REGIDESO as a source of drinking water supply by households in the Mbanza-Ngungu health zone. The classification of characteristics provided an understanding of the similarity and dissimilarity between drinking water supplies, which can be useful in making decisions about the use of these sources and water treatment needs. The resolution or analysis of the projection of the individuals on the PC1 and PC2 factorial planes gave the physicochemical characteristics described below:

First, positively correlated with the PC1 axis, these water sources 8 and 9, i.e. Source Kumbi and Source Nzenze, are characterized by hard waters, rich in total iron, strongly colored and turbid. Negatively correlated with the PC1, 5, 6 and 7 axis, Nseka Avenue Well, Aqua Kola Borehole and Tadila Spring are less hard, rich in Nitrates and Nitrites. Secondly, positively correlated with the PC2 axis, these water sources 1, 2 and 4, i.e. the two taps of the REGIDESO and Puits Avenue Athénée n°17, are characterized by saline waters, rich in Chlorides, Sulphates, Conductivity and Total Dissolved Solids. Negatively correlated with PC2, water source 3, i.e. Yukula Avenue Well n°50, with less hard water. Examination of the collinearity of the parameters shows a very significant correlation between a few parameters, as follows: Colour and Turbidity; pH and Permanganate Index, Conductivity and TDS; Nitrites and Hardness and Sulphates and TDS. Regarding bacteriological characteristics, the W (REGIDESO Avenue Athénée Tap No. 27), P (REGIDESO Garage EX-TP Tap) and AK (Aqua Kola Borehole) meet the WHO guidelines, on the other hand the L (Yukula Avenue Well No. 50) and C (Tadila Spring) sources are close to the WHO guidelines. The other sources such as V (Nzenze Spring), K (Kumbi Spring) and Q (Nseka Avenue Well No. 30) do not meet the WHO guidelines, because they carry indications of contamination with the excrement of warm-blooded animals. We can conclude that the fresh water consumed by the populations of the Mbanza-Ngungu health zone does not present any particular pollution. They are hard or saline because of the geochemistry of the soil and subsoil. We recommend more appropriate and specific water supply policies and programmes, with a focus on regional variations and disadvantaged households, with a view to reducing inequalities and accelerating access to improved water supplies. Recommendations include focusing on public standpipes and community boreholes as interim measures while making more efforts to expand long-term piped water supply, targeted interventions in poor communities and marginalized areas. A majority of households are more unaware of the health, environmental and economic impacts of alternative drinking water supply practices. That political and health authorities can sensitize and educate the population to form local water management committees to provide quality water at a negotiated price. Finally, the application of IWRM principles can ensure the sustainability of the drinking water supply.

Keywords: Potability parameters, Water supply sources, Mbanza-Ngungu Health Zone

Table of Contents

LISTE DES TABLEAUX

LISTE DES FIGURES

CHAPITRE PREMIER :
INTRODUCTION GENERALE

1.1 Problématique de l'étude

1.1.1 Etat de la question

L'accès à l'eau potable, aux services d'assainissement et d'hygiène est un droit fondamental de l'homme, cependant, des milliards de personnes rencontrent encore à ce jour quotidiennement des obstacles pour accéder ne serait-ce qu'à l'eau potable (Beyene & Luwesi, 2018).

Selon les Nations Unies, dans le monde, environ 1,8 milliard de personnes consomment une eau contaminée par des matières fécales. Environ 2,4 millions d'individus ne bénéficient pas de l'accès aux services d'assainissement élémentaires tels que les toilettes ou les latrines. La pénurie d'eau touche plus de 40 % de la population mondiale, et cette proportion est susceptible d'augmenter. L'accès à l'eau pose pour certains d'entre eux un problème majeur au niveau de leur développement économique futur et de l'allocation de cette ressource entre les différents utilisateurs (OMS, 2023).

Dans les économies des pays en voie de développement, il s'observe un énorme retard d'investissements dans le secteur de l'eau potable consistant à mobiliser la ressource. Ce qui pourrait expliquer le déficit entre l'offre et la demande en eau dans ces pays. En Afrique subsaharienne, plus d'une personne sur trois (35 % de la population) n'a pas accès à l'eau potable. En Afrique du Nord et au Moyen-Orient, 8 % de la population n'a pas accès à l'eau potable. Cette proportion est de 7 % en Asie centrale et du Sud. En Asie de l'Est et du Sud-Est, région qui comprend la Chine, la proportion de la population qui n'a pas accès à l'eau (3 %) se rapproche de celle des pays riches, (OMS & UNICEF, 2022).

Alors que l'accès fait référence à « une eau suffisante pour répondre aux besoins domestiques et disponible de manière fiable à proximité du domicile », l'eau potable est « exempte d'agents pathogènes et de niveaux élevés de produits chimiques toxiques à tout moment » (Nations Unies, 2015). L'eau potable formelle est généralement fournie par des services publics des eaux urbains, provinciaux ou nationaux, et il s'agit d'un système à la fois technique et socio-économique qui implique la construction d'infrastructures, l'exploitation, l'entretien et la surveillance du système, la facturation et la gouvernance (Abubakar, 2016). Bien que les monopoles publics fournissent des services d'eau dans environ 90 % des zones urbaines du monde, les services publics de nombreux pays à faible revenu ne peuvent pas fournir une eau potable en quantité suffisante et gérée en toute sécurité à leurs populations en croissance rapide (Abubakar, 2016). En outre, des inégalités régionales, ethniques et socio-économiques existent au sein des pays et, dans certains pays, les écarts se creusent (OMS & UNICEF, 2015). En 2015, le pourcentage de populations urbaines ayant accès à l'eau courante dans les logements en Afrique subsaharienne n'était que de 33 % (contre 43 % en 1990), contre 88 % en Asie de l'Est, 92 % en Afrique du Nord et 94 % en Amérique latine et dans les Caraïbes (OMS & UNICEF, 2015).

En République Démocratique du Congo, malgré l'abondance des eaux de surface, la grande majorité de la population congolaise dépend des nappes phréatiques et des sources pour s'approvisionner en eau potable. Bien souvent, ces sources sont de simples sources captées, très utilisées dans les villages isolés ainsi que dans les zones périurbaines connaissant une croissance rapide (PNUE, 2011).

Seuls 30% des congolais ont accès facile à l'eau potable selon le Ministre congolais des Ressources hydrauliques, (allocution prononcée à l'occasion de la journée internationale de l'eau, célébrée le 22 mars 2020 www.radiookapi.net).

Comme pour expliquer ce contraste, en l'an 2000, selon les données de la FAO Aquastat, les prélèvements totaux d'eau en République Démocratique du Congo étaient estimés à 356 millions de mètres cubes, représentant seulement 0,04 % des ressources internes en eau renouvelable du pays. Cela souligne clairement l'insuffisance des ressources mobilisées au niveau national pour la distribution de l'eau entre autres. La quantité d'eau disponible par individu, évaluée à 19967 mètres cubes en 2008, dépasse largement le seuil minimum international fixé à 1700 mètres cubes (FAO Aquastat, 2005). Ainsi, l'abondance en eau contraste fortement avec l'approvisionnement réel, évalué en 2000 à seulement 7 mètres cubes par individu par an, soit environ 20 litres par individu par jour. Outre une période caractérisée par des années de sous-investissements et une succession quasi-continue de guerres entre plusieurs États sur son territoire entre 1997 et 2006 (Ditona, 2020), Trefon et De Putter affirment que les obstacles à l'accès à l'eau potable en RDC découlent également d'une mauvaise gestion gouvernementale et d'un sous-investissement chronique (Trefon et *al.*, 2017). De plus, l'urbanisation, en partie attribuable à une croissance démographique très rapide (Commission Economique des Nations pour l'Afrique, CENUA, 2017), n'a pas été systématiquement accompagnée d'un développement adéquat des infrastructures de base (Kibayu, 2008).

Le fait que l'eau ne soit pas disponible pour la grande majorité des ménages constitue un problème d'importance nationale pour la République Démocratique du Congo (RDC) en général, et pour la province du Kongo Central en particulier. En RDC, le problème portant sur le manque d'eau se pose et persiste en milieu urbain comme en milieu rural, à cause principalement des problèmes auxquels sont confrontés les deux structures reconnues pour ce service, à savoir la Régie de Distribution d'eau (REGIDESO) et le Service Nationale d'Hydraulique Rurale (SNHR), respectivement en charge de l'approvisionnement en eau des milieux urbain et rural, qui sont les deux agences clés au niveau opérationnel. Selon Van den Berg Caroline et Alexander Danilenko, 2017, la REGIDESO ne couvre que 25,69% de la population congolaise.

1.1.2 Enoncé du problème et justification

Dans les grandes agglomérations de la RDC en général et du Kongo Central en particulier, notamment à Mbanza-Ngungu, l'expansion du tissu urbain et périurbain n'a pas été accompagnée d'un développement adéquat des infrastructures de distribution d'eau, entraînant ainsi des contraintes significatives dans l'accès à l'eau potable (Ditona, 2020 & Van den Berg Caroline et Alexander Danilenko, 2017).

Le fait que la REGIDESO ne dessert pas toutes les 12 aires de santé que compte la ZS de Mbanza-Ngungu conduirait les ménages à l'utilisation des eaux de substitut à l'eau de la REGIDESO telles que celles de sources, puits, forages, ... ces dernières peuvent être contaminées. Alors que les attitudes adoptées par les ménages pourraient satisfaire aux besoins quantitatifs en eau sans forcément veiller à la qualité. Ce qui aurait une incidence sur la santé et des répercussions économiques fâcheuses. Car, en dépit des motivations des usagers et des opportunités offertes par ces substituts, Montginoul (2006) confirme que le développement non contrôlé des eaux alternatives comporte également des risques sanitaires. Selon l'OMS, plus de 80 % des eaux usées issues de l'activité humaine sont déchargées dans les rivières et les océans sans subir de traitement, entraînant ainsi leur contamination. Les maladies d'origine hydrique, liées aux problèmes d'assainissement, demeurent l'une des principales causes de décès chez les enfants de moins de cinq ans ; plus de 800 enfants décèdent chaque jour en raison de maladies diarrhéiques associées à des conditions d'hygiène déficientes (OMS, 2023). D'où, l'intérêt de cette étude de faire l'évaluation et la caractérisation des paramètres physico-chimiques globaux et bactériologiques de ces sources d'approvisionnement en eau de boisson et pour les activités domestiques, par la population de la zone de santé de Mbanza-Ngungu, dans la province du Kongo Central.

Cette étude se propose de contribuer à la littérature empirique sur l'approvisionnement en eau potable par les ménages et la caractérisation physico-chimique et bactériologique des sources d'approvisionnement en eau potable dans la zone de santé de Mbanza-Ngungu.

1.2 Questions de Recherche

1.2.1 Question principale

Cette étude cherche à répondre à la question principale suivante : les sources d'approvisionnement en eau potable, la REGIDESO, les puits, les sources et les forages dans la zone de santé de Mbanza-Ngungu sont-elles fiables ?

1.2.2 Questions spécifiques

De façon spécifique, cette étude cherche à répondre aux questions ci-après :

Q_1 : Quelle est la proportion des ménages de la zone de santé de Mbanza-Ngungu qui ont choisi la REGIDESO en tant que source d'approvisionnement en eau potable ?

Q_2 : Quels sont les déterminants du choix de la REGIDESO en tant que source d'approvisionnement en eau potable par les ménages de la zone de santé de Mbanza-Ngungu ?

Q_3 : Quelles sont les caractéristiques des paramètres de potabilité des sources d'approvisionnement en eau, la REGIDESO, les puits, les sources et les forages de Mbanza-Ngungu ?

1.3 Hypothèses de Travail

1.3.1 Hypothèse principale

L'hypothèse principale de cette étude est que : les sources d'approvisionnement en eau potable, la REGIDESO, les puits, les sources et les forages dans la zone de santé de Mbanza-Ngungu ne sont pas fiables.

1.3.2 Hypothèses spécifiques

De manière spécifique, cette étude a vérifié les hypothèses ci-après :

H_1 : La proportion des ménages ayant choisi la REGIDESO en tant que source d'approvisionnement en eau potable dans la zone de sante de Mbanza-Ngungu est faible, soit inférieure à 50 %.

H_2 : Le genre du chef de ménage, le niveau d'instruction du chef de ménage, la profession du chef de ménage, le prix de l'eau de la REGIDESO et la qualité de l'eau de la REGIDESO constituent significativement des déterminants du choix de la REGIDESO en tant que source d'approvisionnement en eau potable par les ménages de la zone de santé de Mbanza-Ngungu et

H_3 : Les sources d'approvisionnement en eau potable, la REGIDESO, les puits, les sources et les forages dans la zone de santé de Mbanza-Ngungu ne sont pas conformes aux directives de l'OMS en matière d'eau potable parce qu'elles sont soit dures, soit salées, soit porteuses de bactéries.

1.4 Objectifs de l'étude

1.4.1 Objectif général

L'objectif général poursuivi par cette étude est : d'évaluer la qualité de l'eau douce consommée par les populations de la zone de santé de Mbanza-Ngungu. Elle a permis d'analyser le problème portant sur l'approvisionnement en eau potable dans la zone de santé de Mbanza-Ngungu en mettant en exergue les aspects de la qualité des sources d'approvisionnement en eau en comparant l'eau du réseau public, en l'occurrence la REGIDESO à celle des sources alternatives, les sources, les puits et le forage.

1.4.2 Objectifs spécifiques

Les objectifs spécifiques poursuivis par cette étude sont :

O_1 : Calculer la proportion des ménages ayant choisi la REGIDESO en tant que source d'approvisionnement en eau potable dans la zone de santé de Mbanza-Ngungu ;

O_2 : Déterminer les facteurs expliquant le choix de l'eau de la REGIDESO en tant que source d'approvisionnement en eau potable par les ménages de la zone de santé de Mbanza-Ngungu et

O_3 : Analyser les caractéristiques des paramètres de potabilité (physico-chimiques et bactériologiques) des eaux de consommation à Mbanza-Ngungu.

1.5 Intérêt du Sujet

La problématique des eaux alternatives à l'eau du réseau public de distribution n'est pas récente et n'est pas spécifique à la RD Congo. Cependant, ce phénomène prend de l'ampleur dans les villes congolaises, à cause notamment de l'exode rural. Il est donc crucial d'étudier ce phénomène en examinant les caractéristiques physico-chimiques et bactériologiques de ces eaux dont se servirait une grande proportion de la population. Cela permettra également de comprendre l'attitude des ménages face à l'eau distribuée par le réseau public de distribution.

Le présent travail présente un triple intérêt notamment du point de vue de la vie courante, scientifique et développement :

a) Vie courante

Ce travail offre une occasion concrète d'appréhender le rôle primordial joué par la REGIDESO et d'autres acteurs du secteur dans l'amélioration des conditions d'accès à l'eau potable des ménages en RDC en général, en particulier dans la province du Kongo Central en RDC.

b) Scientifique

L'approche de cette étude est résolument scientifique, visant à enrichir les connaissances et à répondre à des questions liées au domaine des ressources en eau. Elle servira également à fournir des données à d'autres chercheurs ou personnes souhaitant explorer davantage ce sujet. Ainsi, ce travail sera une compilation d'informations utiles.

c) Développement

Le présent mémoire s'inscrit dans la logique de la politique actuelle de la RDC visant à améliorer l'accès à l'eau potable de la population. Cette politique s'aligne elle-même sur les Objectifs de Développement Durable (ODD6) relatifs à l'eau propre et à l'assainissement pour tous. L'objectif 6 de Développement Durable vise à garantir entre autres un accès équitable et universel à l'eau potable d'ici 2030, mais également à un tarif abordable.

1.6 Délimitation du sujet

1.6.1 Sur le plan temporel

Dans le temps, l'étude couvre la période allant du mois de juillet à celui de novembre 2023. Cependant, les rapports d'activité de la REGIDESO ont été consultés pour cerner l'évolution de l'offre et de la demande de l'eau de la REGIDESO de 2015 à 2022.

1.6.2 Sur le plan spatial

En ce qui concerne la délimitation spatiale de cette étude, le champ d'étude couvre la zone de santé de Mbanza-Ngungu. Diverses sources d'approvisionnement en eau potable ont été recensés, telles que les eaux de sources, les eaux de puits, l'eau distribuée par la REGIDESO, les mini-réseaux du modèle ASUREP mis en place par les ONG locales, ...

En plus, cette zone de santé présente deux facettes, urbaine et rurale. Quatre de ses douze (12) aires de santé sont entièrement rurales, à savoir Kumbi, Tadila, Nzenze et Langa. Les huit autres sont urbaines, qui sont : Nsona-Nkulu, Ville Haute, Christ-Roi, Loma, Athénée, Militaire, Noki et Ngungu.

1.7 Limites du sujet

Le concept de Gestion Intégrée en Ressources en Eau « GIRE » utilisé dans cette étude se concentre exclusivement sur la qualité et l'approvisionnement en eau douce des ménages. L'étude effleure l'accès à l'eau potable, en quantité, à un prix abordable et à proximité, qui peut être réalisé à travers l'eau du réseau public ou d'autres sources alternatives. Les autres aspects de la gestion ne sont pas abordés dans le cadre de ce travail.

1.8 Approche méthodologique

Cette étude se propose de caractériser les eaux consommées dans la ZS de Mbanza-Ngungu et de décrire les attitudes des ménages face à l'eau distribuée par la REGIDESO.

L'approche a consisté à réaliser l'enquête, l'analyse documentaire, l'analyse descriptive, l'analyse économétrique, les analyses physico-chimique et bactériologique.

1.9 Canevas du travail

Le présent travail est subdivisé en cinq chapitres tels que présentés ci-après :

- ✓ Le premier chapitre est consacré à l'introduction générale ;
- ✓ Le deuxième chapitre quant à lui a traité de la revue de la littérature ;
- ✓ Le troisième chapitre a présenté le matériel et méthodes ;
- ✓ Le quatrième chapitre a parlé de la présentation des résultats obtenus et de leur discussion et enfin
- ✓ Le cinquième et dernier a présenté à la conclusion générale et les recommandations.

1.10 Difficultés rencontrées

Les principales difficultés étaient liées à la collecte des données : délais pour obtenir la recommandation de recherche de l'École Régionale de l'Eau et l'accord de la REGIDESO S.A. pour réaliser les analyses dans son laboratoire central à Kinshasa, entraînant une perte de temps.

CHAPITRE DEUXIEME : REVUE DE LA LITTERATURE

2.1. Gestion économique de l'eau

Plusieurs secteurs sont utilisateurs de l'eau, il s'agit entre autres de la production d'eau destinée à la consommation humaine, l'électricité, agriculture, environnement, ... et l'utilisation doit suivre un ordre de priorité établi conformément aux dispositions légales, comme stipulé à l'article 58 de la Loi n°15/026 du 31 décembre 2015 relative à l'eau. Cela doit se faire dans le strict respect des exigences essentielles liées à l'environnement, pour des fins domestiques pour la consommation, l'hygiène et autres besoins des ménages ; pour des fins liées aux fonctions des municipalités et communautés, en particulier concernant la santé publique, l'hygiène et l'assainissement, la production d'énergie ; l'activité industrielle ; pour des fins de navigation et de transport et pour des fins sportives, récréatives et touristiques (ANAPI, 2021).

Avant l'accession du pays à l'indépendance en 1960, la distribution de l'eau était caractérisée par 3 périodes, (REGIDESO, 2021).

Jusqu'à 1933, chaque colon ou société avait son propre système de distribution dans sa concession. Les indigènes se procuraient l'eau dans les cours d'eau.

A partir de 1933, en raison de la croissance démographique et de la création de la ville, l'État colonial avait pris en charge la gestion des systèmes d'adduction et de distribution d'eau par l'entreprise de service des travaux publics et du territoire, selon l'arrêté royal du 28 mars 1933, sous le nom de « Régie de distribution d'eau » de la colonie, pour lutter contre les maladies hydriques des congolais indigènes.

En 1939, pour établir un cadre juridique pour la production, le traitement et la distribution de l'eau et de l'électricité, l'autorité coloniale a créé la Régie des Distributions d'Eau et d'Electricité du Congo Belge et du Rwanda-Urundi le 30 décembre 1939, l'année de sa création. Depuis sa fondation par arrêté royal, la REGIDESO a évolué en situation de monopole de fait, empêchant d'autres acteurs d'investir dans ce sous-secteur[1].

[1] Après l'indépendance le 30 juin 1960, le sous-secteur de l'eau destinée à la consommation humaine est resté dominé encore par la REGIDESO qui jouissait du monopole jusqu'en 2015, année de la promulgation de la Loi n°15/026 du 31 décembre 2015 relative à l'eau.

2.2. Pénurie économique et gestion intégrée de l'eau

2.2.1. Pénurie économique de l'eau

2.2.1.1. Cycle de l'eau

Le cycle hydrologique ou cycle de l'eau est un mouvement continu de l'eau dans le globe. La quantité d'eau en déplacement étant constante, c'est donc la répartition de cette quantité lors de ces déplacements qui est irrégulière. Lors de ses déplacements, l'eau peut changer son état (Gaz, Liquide et Solide), cela passe par des phénomènes qu'on appelle ici les composantes du cycle hydrologique. Les mouvements de l'eau consomment de l'énergie, d'où le rôle déterminant de l'énergie solaire dans ce cycle, il est considéré comme le moteur du cycle (Mérimé, 2023).

L'ensemble des composantes est présenté sur la *figure 1* ci-après.

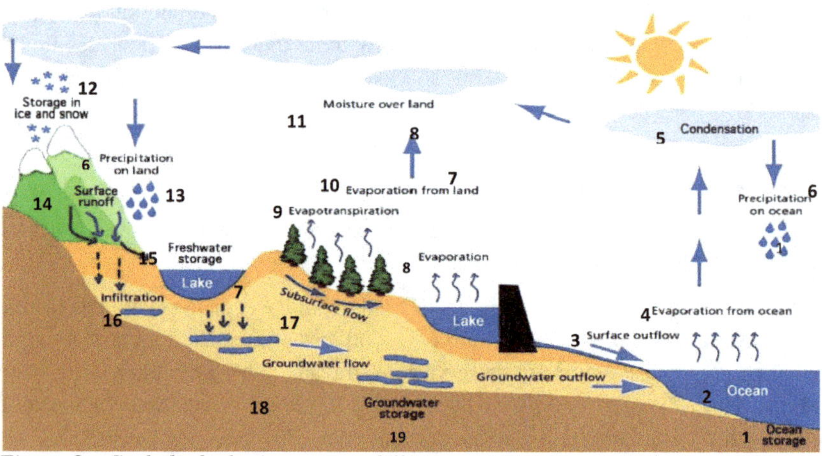

Figure 2 : Cycle hydrologique et ses différentes composantes (Tshimanga, 2018)

[1. Stock océanique ; 2. Océan ; 3. Ruissellement de surface ; 4. Evaporation provenant de l'océan ; 5. Condensation ; 6. Précipitations sur l'océan ; 7. Lac ; 8. Evaporation ; 9. Evapotranspiration ; 10. Evaporation provenant de la terre ; 11. Humidité atmosphérique ; 12. Stock de glace et de neige ; 13. Précipitations sur terre ; 14. Ruissellement terrestres ; 15. Stock d'eau douce ; 16. Infiltration ; 17. Ecoulement souterrains ; 18. Ecoulement de l'eau de la nappe phréatique ; 19. Stock de la nappe phréatique]

Les composantes de ce cycle sont (Tshimanga, 2018) :

Les évaporations se réalisent quand les enveloppes terrestres contiennent de l'eau, en quantités variables : beaucoup au sein de l'hydrosphère, moins dans la lithosphère et en très faible quantité dans l'atmosphère. L'eau de l'hydrosphère, chauffée par le rayonnement solaire, s'évapore. Cette eau rejoint alors l'atmosphère sous forme de vapeur d'eau. Cette évaporation dépend du vent, de l'ensoleillement, de la température, …

Les Évapotranspirations se concrétisent quand la transpiration des végétaux intervient, on parle d'évapotranspiration. En réalité, les êtres vivants et plus particulièrement les végétaux ont une influence sur le cycle hydrologique. Les racines des végétaux pompent l'eau du sol, et en relâchent une partie dans l'atmosphère. De même, une partie de l'eau est retenue dans les plantes. Lors de la déforestation, le cycle de l'eau est fortement modifié localement et il peut en résulter des inondations.

La condensation et les précipitations interviennent lorsque l'eau provenant des océans, des plantes et du sol atteint l'atmosphère, il se produit ce qu'on appelle la condensation. Le changement de pression et la baisse de température entraînent la condensation de la vapeur issue de la transpiration. Cela veut dire que l'eau se concentre en gouttelettes plus grosses, ce qui forment des nuages. Ce processus transforme l'état gazeux de l'eau en un état liquide. Grâce au vent, ces nuages seront transportés vers la terre et seront maintenant chargés d'eau et, en raison de leur poids, ils tomberont vers le sol. Selon la région et l'altitude où les nuages se trouvent, les précipitations tomberont sous forme de pluie, de grêle, de neige ou de fonte des neiges.

Ensuite intervient le ruissellement. Le ruissellement désigne en hydrologie le phénomène d'écoulement des eaux à la surface des sols.

La recharge des nappes souterraines : Les nappes phréatiques souterraines se rechargent de deux façons (Mérimé, 2023) :

- L'infiltration, à travers les fissures naturelles des sols et des roches ;
- La percolation, en migrant lentement à travers les sols.

L'équation du bilan hydrique qui régit le cycle hydrologique en décrivant le flux d'eau entrant et sortant d'un système pendant une période donnée, se présente comme suit :

$$P + S = R + E + (S \pm \Delta S) \qquad \textit{(Equation 2.1.)}$$

Avec :

P : précipitations (liquide et solide) [mm] ;

S : ressources disponibles à la fin de la période précédente (eaux souterraines, humidité du sol, neige, glace) [mm] ;

R : ruissellement de surface et écoulements souterrains [mm] ;

E : évaporation (y compris évapotranspiration) [mm] ;

$S \pm \Delta S$: ressources accumulées à la fin de la période étudiée [mm].

Plus de 70% de la terre sont couverts d'eau. Malheureusement, une grande partie de cette eau se trouve dans les océans. Environ 97% de l'eau dans le monde c'est de l'eau salée et est imbuvable ou inutilisable sans une certaine forme de traitement pour éliminer le sel. Cependant, le dessalement est un processus extrêmement coûteux et à forte intensité énergétique.

Ainsi, l'eau de l'océan est inaccessible pour la plupart de pays ou de communautés à travers le monde. Seulement environ 3% de l'eau sur Terre est fraiche. Les réserves d'eau douce comprennent : les rivières et les lacs, les marais, la zone non saturée, les aquifères des eaux souterraines, les glaciers et autres régions couvertes de neige en permanence, le pergélisol, les entités biologiques et l'atmosphère. Toutes ces eaux ne sont pas facilement accessibles ou exploitables : 68,7% sont enfermées dans les calottes glaciaires et 30,1% se trouvent dans les eaux souterraines fraîches, ce qui laisse une très petite partie (1,3%) dans la surface et d'autres sources d'eau douce destinées à la consommation humaine (Tshimanga, 2018).

2.2.2. Indicateurs traditionnels de l'utilisation de l'eau

2.2.2.1. Eaux virtuelles

Pour mesurer l'impact du commerce et de la consommation totale d'eau, deux autres indicateurs ont été proposés : l'eau virtuelle et l'empreinte hydrique.

L'eau virtuelle représente la quantité d'eau intégrée dans chaque bien ou service, englobant toute l'eau utilisée comme intrant à chaque étape du processus de production, que ce soit pour les produits agricoles, les biens industriels ou les services (Allan, 2011).

Chaque bien produit renferme une quantité d'eau dissimulée qui a été utilisée tout au long du processus de production. L'agriculture requiert de l'eau tant pour la culture des céréales, des légumes et des arbres fruitiers que pour l'élevage des animaux destinés à la consommation de viande, de produits laitiers, d'œufs, etc. (Codur, *et al.*, 2015). À titre d'exemple, la production d'une pomme requiert 70 litres d'eau, tandis que celle d'un verre de lait nécessite 200 litres d'eau. Les biens industriels exigent également de l'eau, de la phase de production des matières premières à la production finale. La fabrication d'une feuille de papier consomme 10 litres d'eau et une paire de chaussures en cuir en nécessite 8000 litres. Cette somme totale d'eau invisible incorporée dans chaque bien ou produit consommé est définie comme eau virtuelle (Allan, 2011).

2.2.2.2. Empreinte hydrique

Cette idée repose sur le concept d'eau virtuelle, en combinant la consommation réelle et virtuelle d'eau pour calculer l'impact global de la consommation d'eau d'un secteur d'activité, d'un individu, d'un ménage, d'une ville ou d'un pays. Elle englobe toutes les formes d'eau impliquées, verte, bleue et grise (Hoekstra & Hung, 2002).

Le concept d'empreinte hydrique, modelé sur l'empreinte carbone, a été introduit par Hoekstra & Hung (2002) en tant qu'indicateur mesurant l'impact global de la consommation humaine sur les ressources mondiales en eau douce. L'empreinte hydrique reflète l'utilisation de l'eau liée à la consommation individuelle, institutionnelle ou nationale, englobant les consommations d'eau bleue, verte et grise.

À l'échelle individuelle, la somme totale de l'eau nécessaire à la production de nourriture, d'énergie et d'autres biens consommés peut être agrégée. En moyenne, une personne utilise 1056 gallons d'eau par jour, équivalant au volume nécessaire pour remplir 21 baignoires standard. L'empreinte hydrique moyenne d'un consommateur américain est de 2220 gallons par jour, correspondant à 44 baignoires remplies d'eau (Allan, 2011)[2].

2.2.2.3. Stress hydrique

Selon les Nations Unies, une zone est dite éprouver un stress hydrique lorsque les disponibilités en eaux annuelles sont en dessous de 1700 mètres cubes par personne et par an (Centre d'études stratégiques internationales ou Center for Strategic and International Studies en anglais, 2005).

Les nations présentant des réserves d'eau particulièrement restreintes se situent en Afrique du Nord et au Moyen-Orient, faisant face à une pénurie absolue. Divers pays, répartis sur tous les continents, éprouvent déjà des pressions liées à l'eau, tels que l'Inde, l'Afrique du Sud et la Pologne. En revanche, la République Démocratique du Congo bénéficie d'une abondance de ressources hydriques.

2.2.2.4. Pénurie physique d'eau

Lorsque les disponibilités physiques annuelles en eau sont en dessous de 1000 mètres cubes par personne et en pénurie absolue d'eau lorsqu'elles tombent en dessous de 500 mètres cubes par personne et par an (FAO, 2012).

2.2.2.5. Pauvreté économique d'eau

Outre la rareté physique, la notion de pénurie économique d'eau concerne les contextes où l'absence d'infrastructures appropriées pour la distribution, le recyclage, le traitement et l'assainissement de l'eau entraîne une offre insuffisante en eau. Cette situation conduit fréquemment la population à utiliser des sources d'eau non salubres, engendrant des conséquences graves sur la santé et la mortalité. C'est particulièrement le cas dans de nombreuses régions d'Afrique, où les maladies résultant de la mauvaise

[2] Un gallon se définit comme une Mesure anglaise de capacité pour les liquides, valant 4,54 litres.

qualité de l'eau représentent la principale cause de décès chez les enfants (Codur, *et al.*, 2015).

Dans le monde, 6000 enfants meurent chaque jour des suites de maladies causées parl'ingestion d'eau insalubre (UNICEF, 2023). La représentation ci-dessous offre une vision plus détaillée de la pénurie d'eau, en exposant non seulement la rareté physique, mais également la pénurie économique. Elle met en lumière le fait que de nombreux pays africains, bien pourvus en ressources hydriques sur le plan physique, sont néanmoins confrontés à des pénuries économiques d'eau et à un accès limité à l'eau potable, comme c'est le cas de la République démocratique du Congo.

2.2.2.6. Prélèvement et allocation de l'eau

Traditionnellement, l'indicateur utilisé pour évaluer l'impact des activités humaines sur les ressources en eau est la quantité totale d'eau douce prélevée et utilisée par les divers secteurs de l'économie tels que l'agriculture, l'industrie, le secteur domestique, etc (Allan, 2011). L'eau nécessaire à l'agriculture irriguée représente au total 70% des prélèvements mondiaux en eau. La demande industrielle en eau, y compris pour la production d'électricité, correspond à 19% des prélèvements totaux en eau. Seulement 11% de l'eau prélevée est destinée à satisfaire les besoins municipaux et domestiques (Aquastat, 2023).

En raison des tendances actuelles en RDC, on prévoit une croissance significative des prélèvements d'eau d'ici à 2025 (PNUE, 2011). Ainsi, par rapport à l'année 2000, la consommation d'eau devrait augmenter de 470% pour les ménages, de 375% pour l'agriculture et de 225% pour l'industrie. Cependant, en termes absolus, ces estimations restent relativement modestes, représentant seulement 0,16% des ressources internes en eau renouvelable de la RDC d'ici 2025 (CICOS, 2007). Cela met en évidence la réalité de la pénurie économique d'eau à laquelle est confrontée la RDC.

En comparant les deux situations, à l'échelle mondiale et à l'échelle nationale, la grande proportion d'eau prélevée est celle qui est destinée à l'agriculture et non aux ménages au niveau mondial. Alors qu'en RDC, c'est tout le contraire. La proportion d'eau prélevée destinée à l'usage agricole vient en deuxième position après celle destinée à l'usage des ménages.

2.2.3 Gestion intégrée de l'eau

2.2.3.1. Concept de la Gestion Intégrée des Ressources en Eau « GIRE »

La GIRE est un processus favorisant le développement et la gestion coordonnée de l'eau, des territoires et des ressources qui s'y rapportent en vue de maximiser de manière équitable le bien-être économique et social, sans toutefois compromettre la pérennité des écosystèmes vitaux.

La GIRE est mise en place en tenant compte de trois principaux piliers suivants, appelés également, les 3 « E » de la GIRE, qui fournissent le cadre pour la mise en œuvre de la GIRE : (Beyene & Luwesi, 2018)

- ✓ L'Efficience économique ;
- ✓ L'Équité sociale et
- ✓ La durabilité Environnementale.

En 1972 une conférence internationale sur l'environnement s'est tenue à Stockholm en Suède sous l'égide de ONU à l'issue de laquelle une déclaration avait été adoptée qui affirme la nécessité d'adopter des principes communs qui inspireront et guideront les efforts des peuples du monde en vue de préserver et d'améliorer l'environnement.

En 1977 la Conférence de Mar del Plata en Argentine lance les enjeux de l'eau et propose l'organisation d'une Décennie Internationale de l'Eau Potable et de l'Assainissement (DIEPA 1980-1990). Par ailleurs elle souligne la nécessité de la coordination dans le secteur de l'eau et recommande l'évaluation systématique des ressources en eau.

En 1983, l'Assemblée Générale des Nations Unies accueille favorablement l'idée de mise en place d'une commission spéciale qui rendrait disponible un rapport sur l'environnement et sa problématique globale au 21ème siècle.

En 1987, la Commission publie le "Rapport Brundtland" - du nom de sa présidente, le premier ministre norvégien. Ce rapport, aussi intitulé "NOTRE AVENIR A TOUS", fait apparaître le concept de développement durable (DD) et le définit comme "un développement qui répond aux besoins des générations présentes sans compromettre la capacité des générations futures à répondre aux leurs".

Le concept de DD, tel qu'il a été défini par le rapport Brundtland impose en ce qui concerne l'eau de gérer les ressources en eau comme un patrimoine, en intégrant dans l'ensemble des utilisations de l'eau, le concept de solidarité envers les générations futures. Le rapport Brundtland fait l'objet de débat en 1989 à l'Assemblée Générale des Nations Unies qui décide d'organiser une conférence sur l'environnement et le développement ;

C'est dans ce contexte que s'est tenu en début 1992 à Dublin en Irlande, une conférence sur l'eau et l'environnement au cours de laquelle les principes de base pour la gestion de l'eau, dits « principes directeurs » ou « Principes de Dublin », ont été établis par un groupe d'experts.

2.2.3.2. Approche de la GIRE

Le développement et la gestion de l'eau est fondée sur une approche participative impliquant usagers, planificateurs et décideurs à tous les niveaux. Dans la mesure où l'eau est multi-usages, pêche, hydro-électricité, usage domestique, usage environnemental, agriculture, industrie (Beyene & Luwesi, 2018).

2.2.3.3. Principes de la GIRE

Les Principes de Dublin pour la gestion de l'eau ont été approuvés par les nations comme les principes directeurs de la GIRE lors de la Conférence des Nations Unies sur l'Environnement et le Développement (CNUED) à Rio de Janeiro en juin 1992. La GIRE a été conçue essentiellement dans le but de promouvoir la gestion durable des ressources en eau (Beyene & Luwesi, 2018), selon les 4 principaux principes ci-après :

Principe n°1 : L'eau douce est une ressource limitée et vulnérable, indispensable au maintien de la vie, au développement et à l'environnement.

Cela implique que le cycle hydrologique produit en moyenne une quantité d'eau fixe par intervalle de temps, l'eau est nécessaire à des fins, des fonctions et des services variés et la zone de captage ou le bassin versant est l'unité logique pour la gestion des ressources en eau.

Principe n°2 : Le développement et la gestion de l'eau doivent se fonder sur une approche participative, impliquant les usagers, les planificateurs et les décideurs politiques à tous les niveaux. Cela signifie que tout le monde est acteur (inclusion contre exclusion, pour prendre en compte l'interdépendance entre les usagers), le principe de la démocratisation de la prise de décisions est adopté. Idéalement, de multiples acteurs (usagers, planificateurs et décideurs) sont impliqués à tous les niveaux. En réalité, la participation dans la prise de décisions aux niveaux les plus appropriés (subsidiarité). Les gouvernements doivent aider à créer l'opportunité et la capacité de participer et la sensibilité aux problèmes de genre, de vulnérabilité et de pauvreté.

Principe n°3 : Les femmes jouent un rôle central dans l'approvisionnement, la gestion et la préservation de l'eau. Cela implique que les femmes jouent un rôle majeur dans la collecte et la sauvegarde de l'eau pour les utilisations domestiques, les femmes contribuent moins que les hommes dans les domaines clés :

- ✓ Gestion ;
- ✓ Analyse des problèmes ;
- ✓ Prise de décisions relatives à la conception des systèmes et des investissements, etc.

Il faut s'intéresser aux besoins particuliers des femmes et leur donner les moyens et le pouvoir de participer.

Faire participer les hommes et les femmes dans les rôles influents à tous les niveaux de la gestion de l'eau peut accélérer la réalisation de la pérennité.

Principe n°4 : L'eau a une valeur économique dans tous ses usages concurrents et devrait être reconnue aussi bien comme un bien économique que social.

Cela implique que l'eau a une valeur économique dans tous ses usages concurrentiels et la valeur de l'eau dans ses usages alternatifs est importante pour son allocation rationnelle comme un bien économique et social. Cette implication a permis l'introduction du principe pollueur-payeur (PPP) et le principe utilisateur-payeur (PUP).

L'eau doit être reconnue comme « un bien économique et social ».

Certains usages et certaines fonctions de l'eau ne se marchandent pas : l'eau pour les besoins physiologiques, l'eau pour la santé, l'eau pour les besoins de la dignité humaine (se laver, laver ses vêtements, ...), l'eau pour le maintien de l'intégrité des écosystèmes vitaux. Cela a conduit à la reconnaissance du droit fondamental de tous à avoir accès à l'eau potable et à l'assainissement à un prix abordable.

Tous ces autres principes d'action ne figurent pas explicitement dans les quatre principes de Dublin mais contribuent également à former le socle de la GIRE.

2.3 Gestion de la qualité de l'eau

2.3.1 Importance du contrôle et suivi de la qualité de l'eau

La RDC ne dispose pas d'un programme national de contrôle de la qualité de l'eau, rendant difficile une évaluation empirique de la nature et de l'ampleur éventuelle de la pollution de l'eau. De plus, l'absence de stations de surveillance fonctionnelles complique l'extrapolation de données pour avoir une idée générale de l'état et des tendances de la qualité de l'eau. Les études sur la qualité de l'eau, tant souterraine que de surface, sont généralement menées de manière ponctuelle, souvent dans le cadre de projets de recherche universitaires. À un niveau macro, la qualité des eaux intérieures de la RDC peut être considérée comme relativement bonne (PNUE, 2011).

En raison de l'activité industrielle faible et en constante diminution, ainsi que de l'utilisation limitée de produits agrochimiques, les rejets d'effluents industriels et de produits chimiques synthétiques dans l'environnement en RDC sont restreints. De plus, les précipitations abondantes et la densité élevée du réseau hydrologique contribuent à la dilution de la plupart des polluants. Bien que la pollution de l'eau soit principalement d'origine biologique et se concentre généralement à certains points sensibles dans les villes, elle a néanmoins des conséquences sanitaires importantes pour une vaste population (PNUE, 2011).

Les deux sources principales de pollution de l'eau sont :

- ✓ La contamination biologique du fait du manque de traitement des eaux usées et des déchets solides et
- ✓ Les charges élevées de sédiments en suspension provenant des mauvaises pratiques de gestion et d'utilisation des terres.

2.3.2 Contamination biologique de l'eau

La principale origine de la contamination biologique en République Démocratique du Congo réside dans le déversement direct d'eaux usées non traitées dans les cours d'eau, ou de manière indirecte par infiltration dans les nappes phréatiques. Seuls 10% de la population bénéficient de services d'assainissement. Compte tenu de l'absence d'usines fonctionnelles de traitement des eaux usées, même à Kinshasa, les eaux non traitées sont déversées dans les rivières et les lacs par les conduits d'évacuation. Les déchets provenant des fosses septiques et des latrines à fosse sont souvent directement déversés dans l'environnement, y compris dans les canaux et les plans d'eau (PNUE, 2011).

La pratique de la défécation en plein air dans les zones périurbaines et rurales est répandue, exposant ainsi les sources d'eau à un risque potentiel de contamination. Lorsqu'ils existent, les systèmes d'égouts se composent de simples réseaux de canalisations collectant les flux d'eaux usées non traitées et les eaux pluviales. Cependant, ces systèmes combinés d'égouts ne sont généralement présents que dans les vieux centres-villes, sont souvent trop délabrés et trop étroits pour gérer les débits d'eaux usées. Par conséquent, la contamination biologique est largement répandue. Cette situation est particulièrement évidente à Kinshasa, où certains cours d'eau principaux de la ville, tels que Gombe et N'djili, ressemblent davantage à des égouts à ciel ouvert. De plus, la sédimentation et le dépôt de déchets solides contribuent à la pollution en obstruant les ruisseaux et les canaux de drainage. Les inondations, fréquentes pendant la saison des pluies, aggravent le problème en touchant également les installations sanitaires.

En raison de ces pratiques de déversement d'eaux usées non traitées et du manque d'infrastructures sanitaires, les maladies infectieuses liées à l'eau sont endémiques. Le choléra et les épidémies de fièvre typhoïde surviennent fréquemment, entraînant des coûts humains et économiques significatifs (PNUE, 2011).

2.3.3 Pollution des sédiments

Les particules en suspension, constituant une charge polluante significative, connaissent une croissance préoccupante dans de nombreux cours d'eau de la République Démocratique du Congo. Malgré les niveaux naturellement élevés de turbidité (opacité), surtout dans l'est montagneux du pays, le problème s'aggrave considérablement avec la détérioration des bassins versants. Des modifications significatives dans la couverture et l'utilisation des terres ont entraîné des taux excessifs d'érosion du sol dans plusieurs bassins versants. En particulier, les activités majeures responsables des concentrations élevées de particules en suspension comprennent l'expansion agricole non planifiée, les établissements non planifiés tels que les camps de réfugiés et de personnes déplacées, la déforestation, le défrichage de la végétation et l'exploitation minière. Étant donné que les particules de sédiments peuvent contenir des bactéries dangereuses, des virus, des métaux lourds et des composés organiques toxiques, la qualité de l'eau est compromise non seulement esthétiquement par son aspect sombre, mais elle présente également un risque significatif de pollution pour la santé humaine et la vie aquatique (PNUE, 2011).

La pollution élevée des sédiments en suspension entraîne d'importantes pertes économiques, notamment en perturbant le fonctionnement des services d'eau et des barrages. Un exemple concret est observé à l'usine de traitement de l'eau de Lukunga à Kinshasa, où une corrélation directe est établie entre la contamination des sédiments et le coût des produits chimiques utilisés pour le traitement de l'eau (PNUE, 2011).

2.4 Cadre légal, politique et institutionnel de la gestion de l'eau en RDC

2.4.1 Cadre légal de la gestion de l'eau

Diverses études, dont celle de Nile IWRM-Net (2007), Chishugi et Xu (2010), ainsi que Partow (2011), mentionnées par Chisugi en 2018, offrent une analyse approfondie du secteur de l'eau en République Démocratique du Congo. Elles examinent en détail les entités, la législation en place et leur évolution.

Dans l'ensemble, la gouvernance du secteur de l'eau présente une fragilité structurelle, caractérisée par une multitude de lois et d'institutions aux mandats fréquemment redondants et contradictoires. Les réglementations actuelles se concentrent principalement sur la préservation des ressources en eau contre la contamination, la fourniture d'eau potable et la gestion des droits des utilisateurs. Toutefois, elles ne constituent pas actuellement un cadre juridique cohérent pour organiser un secteur de l'eau impliquant de nombreuses parties prenantes, comme souligné par le Programme des Nations Unies pour l'Environnement (PNUE, 2011).

La Gestion Intégrée des Ressources en Eau (GIRE) constitue un principe fondamental inscrit dans la loi sur l'eau, visant à établir un processus structuré pour concilier les divers besoins des parties prenantes, tout en assurant la durabilité des écosystèmes aquatiques. La loi prévoit la mise en place d'un système de délimitation du territoire afin de protéger les sources stratégiques d'approvisionnement en eau potable et leurs bassins versants, contribuant ainsi à la préservation de l'environnement. Le Code de l'Eau intègre également des principes clés tels que celui de l'utilisateur-payeur, du pollueur-payeur, de précaution, de subsidiarité (notamment la décentralisation du processus de décision), ainsi que la promotion du dialogue public et des consultations (PNUE, 2011).

Le Code de l'Eau a été développé dans un contexte complexe en raison tout d'abord de l'absence d'une politique précise sur l'eau. Par conséquent, la loi a en réalité posé les principes directeurs pour le développement d'une série d'instruments de planification et de gestion de l'utilisation efficace des ressources hydriques. Ceci inclut une stratégie nationale sur l'eau en prenant en compte les objectifs de tous les sous-secteurs, les plans d'action nationaux et provinciaux relatifs à l'eau en hiérarchisant les interventions et leurs modalités, ainsi que les plans de développement basés sur les bassins et les zones d'évacuation. Il est important de noter que le Code de l'Eau n'envisage pas le développement d'une stratégie nationale unique sur l'eau. A la place, le Code prévoit l'élaboration d'une stratégie étendue de gestion des ressources en eau.

2.4.2 Cadre politique et institutionnel

2.4.2.1 Institution et ministères impliqués

Plusieurs institutions sont impliquées directement ou indirectement dans la gestion du sous-secteur de l'eau potable en RDC. Parmi les principaux acteurs institutionnels impliqués dans le développement du sous-secteur de l'eau potable, nous pouvons citer le Ministère du Plan le Ministère de l'Environnement et Développement Durable et le Ministère de l'Hydraulique et Electricité.

Aussi, les entités territoriales décentralisées telles que les provinces, villes, communes et secteurs sont impliquées dans l'opérationnalisation des programmes de stratégies nationales (ANAPI, 2021).

2.4.2.2 Coordination du secteur de l'eau

Étant donné qu'il n'existait pas encore de ministère central dédié à l'eau, l'ensemble du secteur est coordonné par le Comité National d'Actions de l'Eau, de l'Hygiène et de l'Assainissement (CNAEHA), conformément au Décret n°15/039 du 14 décembre 2015 portant création, organisation et fonctionnement du Comité National d'Action de l'Eau, de l'Hygiène et de l'Assainissement, abrégé CNAEHA. Sous l'égide du Ministère du Plan, le CNAEHA assure une coordination interministérielle et sert de point d'entrée pour les partenaires du développement (ANAPI, 2021).

En opérant au niveau politique et stratégique, le CNAEHA qui est chargé d'élaborer et de veiller à l'exécution des programmes de réhabilitation et de développement du secteur de l'eau potable, de l'hygiène et de l'assainissement au regard des objectifs que s'est assigné la République Démocratique du Congo, établit les objectifs de planification, mobilise des ressources et facilite les interactions avec les donateurs. En raison de ressources limitées, le CNAEHA opère souvent de manière désordonnée et ne parvient pas toujours à coordonner efficacement le secteur. De plus, ses activités sont principalement concentrées au niveau national, étant donné que la plupart des comités provinciaux ne sont pas tous opérationnels.

2.5 Alternatives à l'eau du réseau public de distribution

2.5.1 Substitution de l'eau potable

L'eau provenant du réseau public d'eau potable a souvent été considérée comme irremplaçable pour l'alimentation en eau des ménages. Ainsi, toutes les études économétriques recensées à ce jour, à l'exception de celle menée par Le Coz en 1998 (Montginoul, 2006), supposent que la seule réaction possible face à l'augmentation du prix de l'eau est de réduire la consommation. Cependant, les ménages, en particulier les habitants de pavillons individuels, n'ont pas uniquement accès à l'eau du réseau. Pour répondre à tout ou partie de leurs besoins, ils n'hésitent donc pas à recourir à d'autres sources d'eau. Certains faits semblent confirmer cette tendance. Les eaux alternatives utilisées à titre individuel ou collectif par les ménages sont diverses : accès à une eau souterraine par un puits ou un forage, récupération d'eau de pluie, recyclage de l'eau usée (ou « eau grise »), connexion à un système collectif de distribution d'eau non traitée (« eau brute ») (Montginoul, 2006).

2.5.2 Type d'usages des eaux alternatives

Les eaux alternatives peuvent être utilisées pour répondre à un ou plusieurs besoins et cela à différentes échelles. L'usage varie d'un ménage à un autre en fonction du type d'eau alternative. Les usages extérieurs sont toujours concernés par l'eau alternative lorsque celle-ci est disponible. Elle est systématiquement utilisée pour l'arrosage des jardins (et le lavage des voitures) et éventuellement pour la consommation.

2.5.3 Types d'eaux alternatives

2.5.3.1. Puits ou forages

C'est la ressource alternative la plus répandue et qui tend à se développer, notamment dans les contextes où elle est facilement accessible et où le prix de l'eau a fortement augmenté ces dernières années (Meij et al., 2005).

2.5.3.2. Recyclage de l'eau usée

Les systèmes de recyclage de l'eau usée sont particulièrement développés aux États-Unis et au Japon, où plus de 200 communautés, allant de quelques milliers à plus d'un million de personnes, sont desservies par des réseaux d'eau doublés dans tout ou partie de leurs villes (Okun, 2001). D'autres pays tels que l'Angleterre (Diapper et *al.*, 200x ; Jefferson, 1999), l'Allemagne, et notamment la ville de Berlin (Nolde, 1999), sont également cités.

À Tokyo, au Japon, les installations de traitement de l'eau grise ont d'abord été localisées aux pieds des immeubles, puis il a été jugé plus économique de passer à une plus grande échelle pour répondre aux besoins de la ville. Ainsi, l'alimentation des chasses d'eau est réalisée pour les immeubles élevés, incluant les bureaux, les résidences et les écoles (Okun, 2001).

2.5.3.3. Récupération de l'eau de pluie

La promotion de la récupération des eaux de pluie aurait d'abord été initiée par les autorités publiques dans des zones fortement inondables, comme au Japon (Zaizen et *al.*, 1999) ou dans des régions connaissant une tension sur la ressource, comme en Belgique (Orszagh, 2001), à Singapour (Appan, 1999), en Australie (Rathjen et al., 2003) ou au Canada.

La récupération des eaux de pluie est également largement présente dans des pays sensibilisés aux problèmes environnementaux tels que l'Allemagne, la Suisse (Crettaz et al., 1998). Elle se développe également dans d'autres pays, comme la France, en particulier dans le nord et l'ouest, principalement pour des raisons économiques.

2.5.3.4 Recours aux réseaux de distribution d'eau d'irrigation

Cette eau alternative est développée dans les régions où préexistait un système de distribution d'eau brute construit à l'origine pour l'irrigation.

2.5.3.5 Eau des sources

Cette eau est plus utilisée dans les zones périphériques et rurales.

2.6 Déterminants de la demande d'eau par les ménages

2.6.1 Demande économique de l'eau

Nauges et Reynaud (2001) estiment que la demande domestique en eau potable a longtemps été négligée par l'analyse économique. L'alimentation en eau a en effet été considérée de tous temps et partout comme l'usage prioritaire. Car, elle concernait alors presque exclusivement la satisfaction de besoins perçus comme indispensables à la vie humaine. La notion de fonction de demande n'était alors guère pertinente. Puisque l'usage de l'eau était quasi incompressible et très peu sensible à des prix excessivement bas.

En supposant que les usagers sont rationnels dans leurs choix de consommation, la fonction de demande domestique en eau s'obtient par maximisation de l'utilité retirée du bien eau sous la contrainte budgétaire. Un consensus entre les économistes semble se dégager concernant les déterminants de la demande domestique qui résultent de ce comportement de maximisation.

Il est tout d'abord clair que le prix ou de manière plus générale, la facturation du service de l'eau et de l'assainissement conditionne les choix des usagers domestiques. Ainsi, la structure tarifaire et la périodicité de la facturation doivent entrer comme variables explicatives d'un modèle de demande. Le signe attendu associé à la variable de prix est négatif, une augmentation des prix se traduisant par une réduction des niveaux de consommation.

La demande dépend également des caractéristiques des ménages étudiés. Les élasticités revenues sont, dans la plupart des études, positives et significatives (Hewitt & Haneman, 1995) pour les États-Unis ou pour la France (Point, 1993). D'autres variables, telles que la taille des ménages, l'âge et le niveau d'éducation du chef de famille, semblent conditionner les consommations domestiques. Il est également important de prendre en compte la structure de l'habitat. Car, les besoins peuvent varier entre les zones urbanisées et les zones rurales. Les variables couramment utilisées pour tenir compte de l'impact de l'habitat incluent la surface habitable, les niveaux d'équipements électroménagers, l'âge des habitations, l'existence d'une piscine, etc.

Yves Yao Soglo et *al.* (2002) ont observé que les recherches visant à estimer une fonction de demande en eau potable sont limitées et principalement exploratoires. Car, les quantités d'eau consommées sont souvent déconnectées des coûts réels encourus par les sociétés distributrices.

Selon Howe (1982), une analyse statistique en coupe transversale qui met en relation la consommation et le prix peut aider à déduire la valeur de l'eau pour l'utilisateur final. Dans une étude sur la demande en eau potable (Point, 1993), s'est penché sur la question du partage de la ressource entre différents usages.

Trois catégories d'usages ont été retenues :

✓ Commercial ;

✓ Industriel et

✓ Domestique.

Des investigations sommaires ont conduit à une fonction de demande d'eau par jour et par personne dont la forme générale est :

$$Q = \beta \exp(-\alpha p),\ \alpha > 0 \qquad \textit{(Equation 2.2.)}$$

Où α et β sont des paramètres

Q = quantité d'eau consommée par personne et par jour

p = prix

Dans la modélisation de la demande en eau potable, par hypothèse, la forme fonctionnelle à retenir tient compte du fait que le volume d'eau consommée par les ménages est fonction du consentement à payer (Desaigues & Point, 1993).

2.6.2 Facteurs favorables et défavorables au développement des ressources alternatives

2.6.2.1 Motivations économiques des eaux alternatives

Si les types de ressources alternatives ont toujours existé, elles se sont développées ces dernières années.

Dans cette partie, il est question de poser les éléments d'un contexte qui explique pourquoi les ménages, et parfois aussi les gestionnaires des réseaux de distribution de l'eau et de collecte des eaux pluviales et usées, ainsi que la collectivité en général, peuvent les percevoir comme des opportunités.

Pour cela, partons d'un constat : si l'eau distribuée par le réseau public doit être d'excellente qualité pour répondre à l'ensemble des besoins des ménages, la consommation de cette eau se répartit entre trois grands postes d'ampleur égale (Möhle, 1980) :

✓ L'alimentation des chasses d'eau,

✓ Les bains et les douches et

✓ Le reste (eau de boisson, cuisine, lavage, ...).

Pour répondre à ces besoins, la qualité de l'eau peut différer (Roth, 1993). Ainsi, une eau de très bonne qualité (potable) est nécessaire pour couvrir des besoins totaux (boisson, cuisine, soin du corps, lavage de la vaisselle). Une eau de qualité moyenne (non potable maislimpide) suffit pour couvrir des besoins plus ou moins totaux (lavage du linge, arrosage du jardin, lavage de la voiture, ménage). Enfin, une eau de médiocre qualité convient pour couvrir des besoins spécifiques (alimentation des WC, lavage des routes, lutte incendie). Cela amène certains auteurs (Möhle,1980 et Nolde, 1999) à distinguer au moins deux types d'eau : l'eau potable et l'eau «

service » dont les besoins peuvent être satisfaits par les eaux alternatives.

2.6.2.2 Perception des eaux alternatives par les ménages

Les ménages évoquent principalement deux motivations au recours à l'eau alternative. Le premier motif est de réduire le poste de dépense « eau ». Souvent, c'est la forte progression du prix de l'eau (Clément et *al.*, 1999 ; Montginoul & Rinaudo, 2003) ou une modification dans la structure de tarification qui est le facteur déclenchant. Ainsi, en Tunisie par exemple, l'instauration d'une nouvelle structure tarifaire (par paliers croissants) a incité les gros consommateurs, qui voyaient de ce fait leur facture fortement augmenter, à faire des forages au lieu de réduire leur consommation d'eau (Limam, 2002). L'adoption d'une eau alternative sera rentable si la facture d'eau totale (facture d'eau potable + coûts d'approvisionnement en eau alternative) est plus faible que la facture actuelle.

Le calcul est plus complexe pour les eaux alternatives nécessitant un dimensionnement de l'installation (Montginoul et *al.*, 2005). Ainsi, pour déterminer la taille du réservoir d'eau grise, il faut estimer deux quantités d'eau : (1) celle nécessaire à l'usage prévu (nombre de personnes multiplié par la quantité d'eau par personne et par période) et (2) celle générée par les utilisations qui produisent de l'eau grise. De même, la taille d'une installation de collecte des eaux de pluie dépend de la pluviométrie, de la surface de collecte et du niveau de consommation d'eau (Beyaert, 2002 ; Chilton et *al.*, 1999 ; Crettaz et *al.*, 1999 ; Le Pol et *al.*, 2000).

Cependant, le calcul de rentabilité semble ne pas être systématiquement effectué et les ménages décident souvent à partir du seul postulat que « cela ne peut être que rentable, vu le prix de l'eau et sa croissance prévisible future ». De plus, dans les ouvrages ou les sites Internet traitant du sujet, s'il est très souvent question du dimensionnement optimal de l'installation (pour une revue sur la récupération d'eau de pluie, cf. Fewkes, 1999), peu abordent la question de sa rentabilité (Appan, 1999). La deuxième raison évoquée parfois par les ménages est leur souhait de ne pas subir les défaillances du système de distribution d'eau publique. C'est le cas au Liban (Tabet, 2002), pays dans lequel « les quantités d'eau distribuées par les offices sont insuffisantes pour une demande moyenne de 200 l/habitant/jour ». C'est aussi parfois le cas dans des communes françaises où la distribution de l'eau a connu des défaillances ponctuelles (Montginoul et *al.*, 2005) ou des restrictions d'usage en été (comme en 2003 ou en 2005).

2.6.2.3 Perception des eaux alternatives par les gestionnaires des réseaux publics

Le ou les gestionnaire(s) des réseaux de distribution d'eau potable et/ou de récupération des eaux usées et/ou pluviales voient principalement deux avantages au recours par les ménages à des eaux alternatives. Le premier avantage concerne la taille des infrastructures, qui est réduite. Ainsi, les investissements nécessaires (réseaux d'adduction à l'eau potable, réservoirs et stations de traitement de l'eau potable) pour distribuer l'eau potable sont plus faibles (Rudolph, 1979 ; Rump, 1979 ; Sociology Water Lab & Colorado Institute for Irrigation Management, 2003). Cela permet de mieux dimensionner le réseau public d'alimentation en eau potable (Butler, 1999 ; Montginoul et al., 2005). De plus, la récupération de l'eau de pluie limite la taille des réseaux d'évacuation d'eau pluviale et des volumes d'eau usée à traiter en cas de réseaux non séparatifs (Roth & Schlichtig, 1994). Le deuxième avantage découle du fait que l'utilisation d'une source d'eau alternative réduit la pression exercée sur la ressource en eau de qualité (Chilton et al., 1999 ; Rudolph, 1979). Cela favorise l'expansion urbaine tout en diminuant la nécessité de mobiliser de nouvelles ressources hydriques (Rathjen et al., 2003). La croissance urbaine pourrait bientôt nécessiter la gestion d'une demande en eau diversifiée (Niemczynowicz, 1999) et le recyclage des eaux usées (Okun, 2001). Bien que l'utilisation initiale des eaux usées puisse sembler coûteuse, elle présente des avantages potentiels pour l'irrigation des zones urbaines en évitant de puiser de l'eau à des distances de plus en plus éloignées tout en apportant des éléments nutritifs.

2.6.2.4 Perception des eaux alternatives par la collectivité dans son ensemble

Pour la communauté, l'utilisation par les ménages de sources alternatives présente deux bénéfices. En premier lieu, les ressources hydriques gagnent en durabilité (Nolde, 1999) : en optant pour une eau de moindre qualité, on économise des ressources « saines » et on évite de dépenser de l'énergie pour rendre potable de l'eau destinée à un usage non potable (American Water Works Association, 1994 ; Dalhuisen et al., 2001 ; Sociology Water Lab & Colorado Institute for Irrigation Management, 2003). De plus, cela permet de valoriser des ressources en eau de qualité inférieure (Butler, 1999 et Rudolph, 1979). L'autre avantage est la réduction du risque d'inondation (Chilton et al., 1999) et la régularisation du cycle hydrologique dans les zones urbanisées (Zaizen et al., 1999). En effet, l'urbanisation a étendu les zones imperméables et les sols ont alors perdu leurs fonctions de stockage et de filtration des eaux de pluie. Il est possible de mesurer l'impact de tels systèmes sur les risques d'inondation lors d'événements pluvieux (Herrmann & Schmida, 1999) et de calculer le volume du ou des réservoirs à mettre en œuvre pour prévenir ce risque en évitant la création d'équipements collectifs coûteux pour la collectivité.

2.6.2.5 Inconvénients d'eaux alternatives pour les ménages

Bien que l'utilisation d'eaux alternatives soit séduisante, elle n'est pas exempte d'inconvénients ni de risques pour les ménages, les gestionnaires des eaux ou la communauté dans son ensemble. Ce point n'est pas toujours pris en compte, tant au niveau des risques pour l'utilisateur que pour les parties tierces.

Pour les ménages, l'eau alternative est parfois coûteuse et comporte des risques pour la santé.

A. Sur le plan économique

Ainsi, la mise en place d'un double réseau public (un pour l'eau potable, l'autre pour l'eau brute) peut entraîner des coûts plus élevés qu'un réseau unique en raison des investissements considérables (Jridi, 2002). Ce surcoût, dans le cas de nouvelles constructions, pourrait atteindre environ 40 à 50 % en Europe ou aux États-Unis (Möhle, 1980 et Rudolph, 1979), demeurant toutefois prohibitif pour les habitations anciennes (Möhle, 1980). De manière similaire, les ménages négligent souvent d'inclure, dans le calcul de la rentabilité d'un système de récupération des eaux de pluie ou d'un forage (lorsqu'ils le font), la structure tarifaire de l'eau du réseau (partie fixe de la facture plus ou moins importante) ; cela pourrait pourtant remettre en question complètement leur raisonnement (Rudolph & Antoni, 1998).

B. Sur le plan de la santé

La possibilité de consommer une eau non conforme aux normes sanitaires est fréquemment soulignée. C'est pourquoi les gestionnaires des réseaux publics de distribution d'eau brute mentionnent clairement le caractère non potable de leur eau pour éviter toute confusion entre les deux réseaux (Dalhuisen et al., 2001 ; Rudolph, 1979), ou déconseillent son utilisation dans certaines situations, comme le remplissage de la piscine (Jridi, 2002 et Roth, 1993), les douches, etc. Ce risque est accentué chez les ménages ayant leur propre source d'eau. Certains auteurs (Rudolph & Antoni, 1998) insistent sur le respect nécessaire de normes strictes si l'installation est réalisée par des particuliers. D'autres recommandent, en particulier pour l'eau grise, l'établissement de normes. Et certaines autorités publiques lancent des actions de sensibilisation.

Cet aspect est ainsi régulièrement souligné par les Direction Départementale des Affaires Sanitaires et Sociales (DDASS) en France par exemple : « la qualité sanitaire des eaux de ces puits privés, rarement connue des utilisateurs, peut être mauvaise en raison de l'environnement et du manque de protection des ouvrages » (Clément et *al.*, 1999). « Il ne faut pas consommer une eau ou l'utiliser pour des usages sanitaires et agro-alimentaires, sans avoir la connaissance de sa qualité bactériologique et chimique ». (DDASS Charente, 2001). Les enquêtes confirment ces risques. Celle conduite par l'École Nationale Supérieure de Pâtisserie (ENSP) (Clément et al., 1999) n'est guère encourageante : elle révèle un mauvais état des puits, des terrains permettant souvent des infiltrations importantes (1/3 uniquement sont conformes aux règles) et une mauvaise qualité de l'eau.

2.6.2.6 Inconvénients d'eaux alternatives pour les gestionnaires des réseaux publics

Pour maintenir leur viabilité malgré la diminution des recettes, les gestionnaires des réseaux publics doivent rechercher de nouvelles sources de financement. Les utilisateurs d'eau alternative, qui rejettent des eaux usées, devraient contribuer aux coûts de traitement des eaux résiduaires. Cependant, leur participation étant basée sur leur consommation d'eau du réseau, ils se trouvent dans une situation assimilée à un « passager clandestin ». Ce problème semble toujours d'actualité par exemple en Allemagne (Rudolph & Antoni, 1998), et la France envisage deux solutions (Projet de loi sur l'eau et les milieux aquatiques, 2005) : l'obligation d'installer un compteur sur les sources alternatives et, à défaut, la possibilité d'établir une redevance d'assainissement forfaitaire. Les coûts supportés par le gestionnaire du réseau d'eau potable sont en grande partie fixes par nature (Rudolph & Antoni, 1998). Et le seul effet du recours aux eaux alternatives (et donc de la baisse de la consommation d'eau du réseau) est d'augmenter le prix unitaire de l'eau du réseau. Jaglin et al. (1998) ont examiné la demande en eau potable (D.E.P.) dans les petits centres urbains et villes de plusieurs pays africains, notamment le Burkina Faso, le Sénégal, la Guinée, la Guinée-Bissau, le Mali, le Tchad, la Zambie, la Namibie et le Bénin. Les enquêtes menées dans les ménages ont révélé, en premier lieu, que la concurrence des sources d'approvisionnement gratuites peut compromettre la rentabilité financière et les bénéfices sanitaires des points d'eau collectifs payants dont l'utilisation n'est pas immédiate. En second lieu, la qualité des services offerts conditionne la demande.

Trois raisons expliquent la stagnation des coûts, voire parfois leur augmentation. Tout d'abord, comme il est obligatoire d'assurer un service de distribution d'eau publique en cas de défaillance de la source d'eau alternative (notamment en cas de sécheresse), la taille des installations collectives ne peut être systématiquement réduite. De plus, si la consommation d'eau diminue après la réalisation des investissements ou si la consommation réelle est nettement inférieure à celle estimée lors du dimensionnement des installations, le réseau de distribution d'eau peut être surdimensionné, comme c'est actuellement le cas en Allemagne et aux Pays-Bas (Meij et al., 2005 ; Rudolph & Antoni, 1998). Enfin, la diminution du flux d'eau dans le réseau existant allonge les délais d'écoulement dans les canalisations, pouvant entraîner des effets secondaires indésirables sur la qualité, tels qu'un développement bactérien plus rapide (Dalhuisen et al., 2001). Des coûts supplémentaires peuvent alors survenir, notamment s'il est nécessaire de rincer artificiellement les canalisations. (Rudolph & Antoni, 1998).

2.6.2.7 Inconvénients d'eaux alternatives pour la collectivité

L'adoption individuelle de l'eau alternative n'est pas sans désavantages pour la collectivité. Tout d'abord, l'accès à l'eau alternative entraîne souvent une augmentation de la quantité totale d'eau consommée par les ménages (eau du réseau + eau alternative) (Garin et al., 2002). De plus, le recours individuel à l'eau souterraine peut entraîner un déséquilibre quantitatif pour une nappe. Bien que de nombreux cas aient été recensés impliquant des usages agricoles (en Inde (Shah, 1989), nappe de la Beauce en France, etc.), les ménages peuvent également contribuer à la surexploitation d'une nappe. C'est notamment le cas dans les régions semi-arides (Limam, 2002 et U.S. Water News Online, 1996). Même en France, certains problèmes de ce type ont été soulignés, comme à Canet (Hérault), où certains ménages déclarent ne plus avoir d'eau dans leur puits après la réalisation de puits par des voisins (Montginoul et al., 2005). L'accroissement des forages individuels accroît également les risques de pollution des nappes, jusqu'alors préservées, en raison de la mise en contact entre les eaux souterraines et les polluants de surface, ainsi que de l'association de nappes superficielles de moins bonne qualité avec des nappes plus profondes Miquel et al., (2004). Enfin, selon Clément et al. (1999), des problèmes de retours d'eau ont été recensés : « certaines pratiques, notamment l'emploi simultané de l'eau du réseau et celle du puits, peuvent être à l'origine d'introductions des parasites d'eau contaminée dans le réseau public, provoquant ainsi une altération majeure de l'eau distribuée par ce réseau ».

Dans les pays à faible revenu, la plupart des maladies d'origine hydrique, telles que l'hépatite A, la dysenterie, le choléra, la diarrhée et la typhoïde, sont fortement associées à la consommation d'eau insalubre. En Afrique, environ 2670 personnes meurent chaque jour de maladies causées par la consommation d'eau insalubre, ainsi que par un mauvais assainissement et une mauvaise hygiène (Abubakar, 2018a). L'OMS a établi un lien entre la consommation unitaire d'eau, la couverture des besoins et le risque sanitaire. Le choix que font les ménages en matière d'approvisionnement en eau potable a d'importantes implications en matière de santé et de développement socio-économique. Cela est consigné dans le *tableau 2*.

2.7. Cadre conceptuel de l'étude

Pour évoquer l'accès à l'eau potable, les conditions de qualité, de quantité, de distance et d'abordabilité doivent être remplies. Ces conditions ont des implications tant économiques que sanitaires, permettant ainsi des arbitrages possibles.

CHAPITRE TROISIEME :
MATERIEL ET METHODES

3.1 Plan méthodologique

La méthodologie utilisée pour ce travail s'articule autour de quatre axes, la revue bibliographique, les travaux de terrain, l'analyse au laboratoire des échantillons d'eau prélevés sur le site et l'analyse des données après l'administration du questionnaire d'enquête.

3.2 Présentation du milieu d'étude

3.2.1 Zone de santé de Mbanza-Ngungu

Ce chapitre donne les informations générales en vue de permettre de comprendre le milieu de cette étude.

3.2.2 Historique

La ZS de Mbanza-Ngungu existe depuis 1983. Elle est l'une des 31 que compte la province du Kongo Central et l'une des 10 de l'ancien District des Cataractes. La RDC compte actuellement 515 zones de santé.

3.2.2.1 Situation géographique

Elle est située dans le territoire de Mbanza-Ngungu, ex-District des Cataractes, Province du Kongo Central en RDC. La zone de santé de Mbanza-Ngungu est à 155 km de Kinshasa la capitale de la RDC et à 200 km de la ville portuaire de Matadi. Ses coordonnées géographiques sont 14° 55' 03'' de longitude, 5° 18' 10'' de latitude et 735 mètres d'altitude.

La ZS de Mbanza-Ngungu est limitée :

- ✓ Au Nord-Ouest : par la Zone de Santé de Gombe-Matadi ;
- ✓ Au Sud-Est : par la Zone de Santé de Boko-Kivulu et Au Sud-Ouest : par la Zone de Santé de Kwilu-Ngongo.

Dénombrement des structures sanitaires :

- ✓ Nombre d'Hôpital Général de Référence : 1 ;
- ✓ Nombre de Centre de Santé de Référence : 12 ;
- ✓ Nombre de Centre Hospitalier : 7 ;

- ✓ Nombre de Centre de Santé : 34 et
- ✓ Nombre de Poste de Santé : 32.

Autres informations :

- ✓ Population en 2022 : 165.167 habitants ;
- ✓ Superficie : 711 km² et
- ✓ Densité : 232 habitants par km².

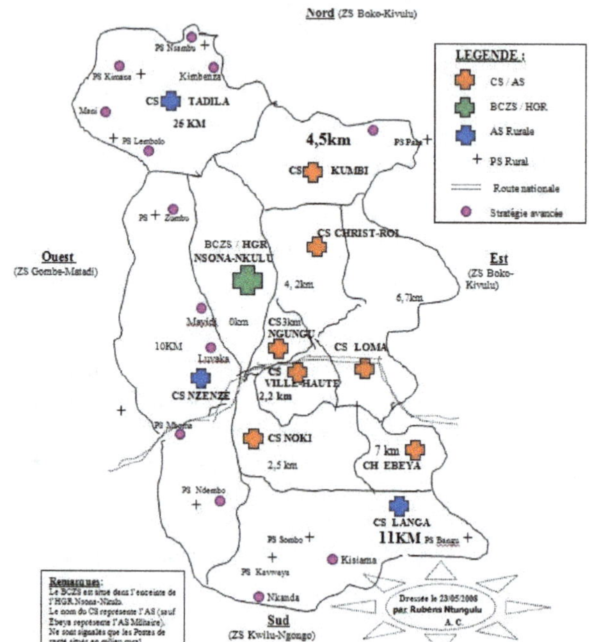

Figure 2 : Carte de la ZS de Mbanza-Ngungu (Zone de santé de Mbanza-Ngungu)

3.2.3 Centre de production et de distribution d'eau de la REGIDESO de Mbanza-Ngungu

3.2.3.1 Historique

Le service d'approvisionnement en eau potable (AEP) dans la ville de Mbanza-Ngungu remonte en 1939 où celle-ci était assurée par l'OTRACO, l'actuelle SCTP (ex-ONATRA), qui se limitait à ne desservir que le quartier Noki, en ville, le camp ONATRA à Nsona-Nkulu, à l'hôpital Général de Référence de Nsona-Nkulu et quelques bornes fontaines sur les avenues Likobe, Tabora, Foyer et Offitra, à partir de l'usine de Nsona-Nkulu qui exploitait les eaux de surface de la rivière Kusu-Kusu.

En 1955, il a été demandé à l'ONATRA de céder le domaine de la production et de distribution d'eau potable et d'électricité du Congo-Belge à la REGIDESO jusqu'en 1978 et dans le cadre de la nationalisation des entreprises publiques, d'où la production et la distribution de l'énergie électrique était confiée à la SNEL.

Etant donné que l'eau potable était devenue l'unique source de revenu pour la REGIDESO, l'entreprise était obligée d'accroitre sa production et aussi étendre son réseau de distribution d'eau dans les quartiers Ngungu, Révolution et Disengomoka.

En 1984, avec l'appui financier du gouvernement japonais, une entreprise japonaise pour la surveillance des travaux, sous forme de don non remboursable, avait fait exécuter les travaux du projet d'extension de la desserte en eau dans la cité de Mbanza-Ngungu à la SOZAGEC qui est une entreprise de la RD Congo, Zaïre à l'époque pour l'exécution des forages et CHUOKAI-HASTU Corporation. C'est pourquoi, en 1986 lorsque tous les travaux de renouvellement et de modernisation des infrastructures de production et de distribution en eau potable furent achevés, l'usine de Kusu-Kusu fut désaffectée au profit de l'exploitation des eaux souterraines dans la vallée de Loma. Car, en dehors du faible débit de la rivière, le cours d'eau était souvent exposé à la pollution provenant des hydrocarbures de l'atelier mécanique de l'ONATRA situé en amont. Par ces travaux, de nouvelles extensions du réseau d'adduction d'eau potable furent réalisées dans les quartiers Loma, Christ-Roi, Kumbi et Nsona-Nkulu. Ainsi que les deux camps militaires Colonel Ebeya et EFATBL.

3.2.3.2 Situation géographique

L'usine de pompage et de traitement d'eau de la REGIDESO à Mbanza-Ngungu est située au quartier Loma. Plus précisément, au plateau de l'Athénée, à côté de l'Institut Kola, à droite de la route nationale n°1 Kinshasa vers Matadi. Non loin de la bifurcation de Muala-Kinsende.

3.2.3.3 Situation des Ressources Humaines

Le centre de pompage, traitement, distribution et vente d'eau potable de la REGIDESO à Mbanza-Ngungu compte à ce jour 27 agents dont 4 femmes (soit 15% du personnel) repartis de la manière ci-après :

- ✓ 16 exécutants dont deux femmes ;
- ✓ 9 maitrises dont deux femmes et
- ✓ 2 cadres de direction.

En dehors de ces agents qui sont en contrat d'engagement avec la REGIDESO, le centre recours aux temporaires qui sont appelés autrement tacherons.

3.2.3.4 Brève présentation de l'outil de production

La matière première utilisée par la REGIDESO est l'eau brute, qui est captée à partir de la nappe souterraine. C'est sur la vallée de Loma que les 8 forages avaient été installés.

Ces forages de pompage sont installés depuis 1986 grâce à la coopération congolo-japonaise.

Il y a 8 machines d'une capacité installée de 50m^3 par heure, soit 9600 m^3 par jour.

Pour l'instant, 4 machines seulement sur 8 qui sont opérationnelles, soit 4800m^3. Sur les 4 machines non opérationnelles, 3 puits ont tari (dès 1986) et un autre est en panne depuis 2015.

Les 4 machines fonctionnelles sont affectées comme suit :

- ✓ 3 machines pour desservir la zone de haute pression et
- ✓ 1 pour approvisionner la zone de basse pression.

Les 3 machines de la haute pression sont chargées de remplir le réservoir situé dans le voisinage de l'ISP/Mbanza-Ngungu d'une capacité de 2000 m^3.

L'autre machine de la basse pression dessert le réservoir de 400 m^3 installé à la hauteur de la montagne de Dilombele. Les quantités d'eau pompées et refoulées se présentent comme suit :

- ✓ Au refoulement haute pression : 56m^3/heurex3 machinesx24 = 4032m^3/jour et
- ✓ Au refoulement basse pression : 28m^3/heurex1 machinex24 = 672m^3/jour.

Total : 4704 m^3/jour pour assurer l'approvisionnement en eau de 165167 habitants (population estimée par la zone de santé de Mbanza-Ngungu en 2022).

Pour un pompage quotidien de 4800m^3 et un refoulement de 4704m^3, le rendement de l'usine est de 4704m^3/4800m^3 = 98%.

La longueur totale du réseau est de 16040 mètres linéaires. Le réseau étant assez vieux, son rendement est estimé à 60%.

En recourant à l'algorithme ci-après, nous avons déterminé le nombre de la population sur la période allant de 2015 à 2022 pour nous permettre de calculer les besoins réels à comparer à la production réelle d'eau.

$$\mathbf{Pn=P_0(1+i)^n} \qquad \textit{(Equation 3.1.)}$$

Où n=nombre d'année et i=Taux d'accroissement de la population.

P_0=Population initiale (année de référence) et

Pn=Population à l'année n.

Le taux d'accroissement appliqué est de 3% tel qu'estimé par l'Institut National de Statistique (INS, 2021). L'année de référence est 2015 et l'année d'échéance est 2022.

3.2.3.5 Evolution de la production d'eau par la REGIDESO à Mbanza-Ngungu de 2015 à 2022

Les rapports techniques de la REGIDESO, Centre de Mbanza-Ngungu seront consultés pour connaitre le volume de production et de distribution d'eau afin de les comparer aux besoins réels de la population qui croit au fil des années.

Cela va consister à estimer la population de la zone de santé de Mbanza-Ngungu de 2015 à 2022, d'estimer les besoins en eau de cette population en fonction de dotation, de comparer ce besoin à la production réelle puis de dégager l'éventuel gap, qui pourra être excédentaire ou déficitaire.

Une analyse FFOM du Centre de la REGIDESO de Mbanza-Ngungu sera faite. Pour comparer également les prix de différents types d'eaux vendues à Mbanza-Ngungu, il sera relevé les prix de quelques eaux à comparer au prix d'eau de la REGIDESO.

3.3 Méthodes et techniques d'échantillonnage

3.3.1 Population de l'étude

La population ayant fait l'objet de l'enquête est constituée par l'ensemble des personnes s'approvisionnant à l'eau potable dans la zone de santé de Mbanza-Ngungu, y compris celles utilisant l'eau de la REGIDESO en plus des sources aménagées. La zone de santé compte 165167 habitants répartis dans 12 aires de santé. Sur les 165167 habitants que compte la zone de santé de Mbanza-Ngungu, 110579 sont desservis en eau potable selon la ZS, soit 67%. Le Plan Quinquennal de Croissance et de l'Emploi du Bas-Congo a estimé à 7 personnes comme taille moyenne d'un ménage au Kongo Central. (Province du Bas-Congo, 2010). Ainsi, 165167 habitants représentent 23595 ménages.

3.3.2 Taille de l'échantillon

Pour calculer la taille minimale acceptable de l'échantillon avec une population desservie en eau potable de 110578 habitants, une marge d'erreur de 5%, et un intervalle de confiance de 95%, la formule suivante a été utilisée (Lututala, 2022) :

$$n = \frac{t^2 x P(1-P)}{y^2} \qquad \textit{(Equation 3.2.)}$$

Où :

t de student à 95% d'intervalle de confiance = 1,96

y marge d'erreur d'échantillon = 0,05

N taille de la population desservie = 110579

P proportion de la population desservie = 0,67, soit 1-P = 0,33

n (taille de l'échantillon)

$$n = \frac{2.171}{0.0025} = 846.84 \sim 847 \qquad \textit{(Equation 3.3.)}$$

En effet, à mesure que la taille de l'échantillon augmente, les paramètres mesurés deviennent plus fiables. Pour comprendre le comportement des ménages de Mbanza-Ngungu, un échantillon optimal pour une étude approfondie a été choisi. La taille de l'échantillon optimal est de 847 personnes parmi les 110579 personnes ayant accès à l'eau potable, constituant ainsi la sous-population des 12 aires de santé de la Zone de santé de Mbanza-Ngungu.

Le *tableau 1* présente le nombre d'habitants et le nombre de personnes desservies en eau potable par aire de santé dans la ZS de Mbanza-Ngungu.

Tableau 1 : Nombre des personnes desservies en eau potable par aire de santé de Mbanza-Ngungu

N°	Aire de santé	Population totale de la zone santé	Population totale desservie en eau potable	% population desservie en eau potable	Echantillon tiré de la population desservie en eau potable	Quota de personnes ayant accès à l'eau potable à l'intérieur de l'échantillon
1	Athénée	20105	12264	61	11	94
2	Christ-Roi	16068	10444	65	9	80
3	Kumbi	17303	7787	45	7	60
4	Langa	8069	3526	44	3	27
5	Loma	23258	17444	75	16	134
6	Nzenze	9480	3217	34	3	25
7	Militaire	11658	7578	65	7	58
8	Ngungu	9593	9113	95	8	70
9	Noki	13751	10726	78	10	82
10	Nsona-Nkulu	17107	16594	97	15	127
11	Tadila	8883	5951	67	5	46
12	Ville-Haute	9893	5936	60	5	45
Total		**165167**	**110579**	**67**	**100**	**847**

Source : Zone de santé de Mbanza-Ngungu, (2023)

3.3.3 Critères d'inclusion et d'exclusion

L'unité de base de notre enquête a été l'accès à l'eau potable. L'identification des zones et des sites d'étude est réalisée de manière raisonnée, en se basant sur les acquis de la recherche, le déploiement des services de la REGIDESO, l'implantation des bornes fontaines et la localisation des sources et puits protégés. Ainsi, en utilisant les données disponibles au niveau de la zone de santé et des ASUREP de Mbanza-Ngungu.

Une stratification des aires de santé à l'intérieur de la zone de santé (urbaine et rurale) a été faite suivant l'accès des populations à l'eau de la REGIDESO ou non. A cet effet, les données des services de l'Etat (zone de santé et quartiers) ont été mises à contribution et les Responsables des structures d'accompagnement des ASUREP ont été consultés pour orienter cette sélection des zones d'enquête compte tenu de leur connaissance du milieu de travail. Par des déplacements et des appels téléphoniques, ensemble avec les personnes ressources, les avenues ou villages à enquêter par aire de santé ont été retenus. Cela après leur avoir expliqué l'objectif de cette étude et les résultats attendus.

3.3.4 Techniques de collecte des données

3.3.4.1 Techniques d'enquête

Une fois que l'échantillonnage pour la collecte de données a été effectué, afin de perfectionner le projet de questionnaire et de l'adapter davantage aux conditions réelles de la zone d'étude, un pré-test avait été réalisé. Cette étape préliminaire avant l'enquête, menée par nos soins dans un site situé en dehors de notre zone d'étude, a permis d'affiner le questionnaire en effectuant des reformulations, en éliminant certaines questions et en ajoutant d'autres. De plus, cela a aidé à évaluer la durée approximative d'administration des questions et à estimer le nombre de jours nécessaires pour réaliser l'ensemble de la collecte de données en fonction de la taille du questionnaire.

Les différentes informations recueillies par le questionnaire étaient relatives aux différentes possibilités (formes et définitions) de la population desservie en eau potable :

- Caractéristiques sociodémographiques des personnes enquêtées ;

✓ Le genre du chef de ménage (masculin ou féminin) ;

✓ La profession du chef de ménage (fonctionnaire, secteur privé formel ou informel, …)

✓ Et autres.

- Attitudes des ménages face à l'eau de la REGIDESO :

✓ La source de l'eau de boisson (REGIDESO, eau vendue en sachet, eau de source, ...) ;

✓ La source de l'eau utilisée pour d'autres usages que la boisson ;

✓ Et autres.

Ainsi, pour atteindre les objectifs fixés par cette collecte de données, cinq (5) enquêteurs (au total 6 personnes y compris nous-même) ont été recrutés pour aider à collecter les données sur la base du questionnaire finalisé. Des binômes d'enquêteurs ont été alors constitués et répartis dans toutes les aires de santé en fonction de la situation géographique. Nous-même, avons parcouru toutes les aires de santé. Ces enquêteurs ont été de niveau licencié (Bac+5). Ils ont été sélectionnés sur la base de leurs expériences dans la réalisation des enquêtes similaires, de la connaissance du milieu, et de la connaissance de la langue du milieu. Ces enquêteurs ont été alors formés à l'administration du questionnaire. Au cours de cette formation, des présentations et débats sur le contexte, les objectifs de l'étude, le guide d'entretien et les résultats attendus ont eu lieu.

Des jeux de rôles ont été mis en place pour évaluer la capacité des enquêteurs à administrer les questions et fournir des éclairages nécessaires avant le démarrage effectif de la collecte de données. Ces simulations ont permis également d'harmoniser la compréhension des concepts clés et de l'ensemble du questionnaire, afin que les enquêteurs réagissent de manière adéquate face à différentes situations sur le terrain. C'était l'occasion de rappeler les consignes données au démarrage pour améliorer la collecte et demander aux enquêteurs de corriger, compléter ou reprendre certaines questions.

A la fin de la collecte de données, toutes les fiches ont été collectées et centralisées. Nous avons procédé alors à la codification des différentes fiches et à la création du masque de saisie. Les données de cette première enquête ont été dépouillées et saisies dans le logiciel Excel, un programme de création et de gestion de bases de données, puis transférées dans SPSS 21 pour les analyses. Les données issues de la première enquête auprès des 817 personnes desservies en eau potable ont été analysées pour identifier les tendances. Ces analyses ont mis en lumière les rôles des divers acteurs du secteur de la fourniture d'eau potable et leur contribution à l'amélioration du taux d'accès des populations à l'eau potable dans la Zone de santé de Mbanza-Ngungu.

3.3.4.2 Organisation de l'enquête

Les enquêtes auprès des ménages s'étaient déroulées du 15 juillet au 20 août 2023. Elles ont été menées auprès des ménages résidant dans les 12 aires de santé de la zone de santé. Un questionnaire a été administré à des personnes ressources identifiées dans chaque aire de santé, qu'elle soit urbaine ou rurale. Aucun critère particulier n'a été utilisé pour l'identification des personnes interrogées.

Pour réaliser cette recherche, la technique d'échantillonnage par quotas a été employée, constituant ainsi un échantillonnage non probabiliste. Ce processus a été effectué jusqu'à la sélection d'un nombre précis d'unités (de quotas) pour différentes sous-populations.

Plusieurs Techniques d'analyse ont été utilisées pour pouvoir atteindre les objectifs fixés, notamment :

- ✓ L'analyse du contenu thématique suivie de la statistique descriptive et
- ✓ La modélisation économétrique (par la régression logistique).

3.3.5 Techniques d'analyse statistique des données

3.3.5.1 Analyse du contenu thématique et inférence statistique

La méthode d'analyse de contenu thématique cherche à faire un compte rendu fidèle du discours des enquêtés de la manière la plus objective possible et la plus fiable possible. Elle est constituée de trois étapes consécutives à savoir : la pré-analyse, l'exploitation du matériel ainsi que le traitement des résultats, l'inférence et l'interprétation (Wanlin, 2007).

Les données issues de l'enquête des 817 personnes ont été analysées avec des statistiques descriptives (moyenne, fréquence, …). Les données qualitatives et quantitatives approfondies collectées au niveau d'un échantillon de second degré constitué des personnes ayant un raccordement au réseau de la REGIDESO seront soumises à l'analyse de contenu thématique.

3.3.5.2. Modélisation économétrique

A. Spécification du modèle

La régression logistique attribue à chaque prédicteur un coefficient qui mesure sa contribution indépendante à la variation de la variable dépendante. La variable dépendante Y prend la valeur 1 si la réponse est "Oui" et 0 si la réponse est "Non".

Le modèle prédit les probabilités sous la forme d'un logarithme népérien (ln) de l'Odds ratio :

$$\frac{P(Y)}{1-P(Y)} = e^{\beta_0 + \beta_1 X_1 + \beta_2 X_2 + \beta_k X_k} \qquad \textit{(Equation 3.4.)}$$

$$P(Y) = e^{\beta_0+\beta_1X_1+\beta_2X_2+\beta_kX_k} - P(Y)e^{\beta_0+\beta_1X_1+\beta_2X_2+\beta_kX_k} \quad \textit{(Equation 3.5.)}$$

$$P(Y) = \frac{e^{\beta_0+\beta_1X_1+\beta_2X_2+\beta_kX_k}}{1+e^{\beta_0+\beta_1X_1+\beta_2X_2+\beta_kX_k}} \quad \textit{(Equation 3.6.)}$$

où, $\ln\frac{P(Y)}{1-P(Y)}$ log (odds) des résultats, Y est la variable dépendante dichotomique, $X_1, X_2, \ldots, X_k$ sont les variables prédictives, $\beta_1, \beta_2, \ldots, \beta_k$ sont les coefficients de régression (modèle) et β_0 est la constante.

Dans l'équation 3.4., le modèle de régression logistique établit directement un lien entre la probabilité de Y et les variables prédictives. L'objectif de la régression logistique est d'estimer les k + 1 paramètres inconnus β dans l'équation (3.4.).

Pour ce faire, on utilise l'estimation du maximum de vraisemblance qui consiste à déterminer l'ensemble des paramètres pour lesquels la probabilité des données observées est maximale.

Les coefficients de régression indiquent le degré d'association entre chaque variable indépendante et le résultat. Chaque coefficient représente l'ampleur du changement attendu dans la variable réponse si la variable indépendante variait d'une unité. L'objectif de la régression logistique est de prédire correctement la catégorie de résultat pour les cas individuels en utilisant le modèle le plus performant. À cette fin, un modèle est créé incluant toutes les variables prédictives utiles pour prédire la variable réponse. La régression logistique calcule la probabilité de succès par rapport à la probabilité d'échec.

B. Courbe logistique de décision

La variable dépendante binaire, ne pouvant prendre que les valeurs 0 ou 1, nécessite que la valeur prédite (probabilité) soit également limitée à cet intervalle. Pour établir une relation bornée entre 0 et 1, la régression logistique utilise la courbe logistique pour représenter le lien entre la variable indépendante et la variable dépendante. Aux faibles niveaux de la variable indépendante, la probabilité tend vers 0 sans jamais l'atteindre.

De même, lorsque la variable indépendante augmente, les valeurs prédites augmentent sur la courbe logistique et se rapprochent de 1 sans jamais y parvenir.

C. Test de nullité des paramètres

(i) Test de signification des paramètres : Test de Wald

L'évaluation du modèle de régression logistique peut se baser sur divers critères. En premier lieu, il est nécessaire d'évaluer la qualité de l'ajustement global du modèle, c'est-à-dire la relation entre l'ensemble des variables explicatives et la variable à prédire. En second lieu, il faut examiner la direction et la significativité statistique de chacune des variables explicatives. Troisièmement, il est essentiel d'évaluer la capacité prédictive ou discriminante du modèle pour juger de son rendement prévisionnel. Enfin, une étape de validation du modèle est indispensable afin de confirmer sa robustesse et sa capacité à se généraliser.

L'évaluation globale d'un modèle vise à estimer la solidité de la relation entre l'ensemble des variables explicatives et la variable à prédire. Cette évaluation peut être réalisée en comparant l'adéquation de deux modèles, l'un incluant les variables explicatives et l'autre non. Un modèle de régression logistique intégrant k variables explicatives sera considéré comme plus approprié aux données s'il présente une amélioration par rapport au modèle sans aucune variable explicative. L'évaluation globale du modèle avec k coefficients peut être examinée à l'aide d'un test du rapport de vraisemblance visant à tester l'hypothèse nulle.

$$H_0: \beta_1 = \beta_2 = \cdots = \beta_k = 0 \qquad \textit{(Equation 3.7.)}$$

Pour évaluer la qualité d'ajustement du modèle logistique, on compare la déviance du modèle contenant uniquement l'ordonnée à l'origine (-2 log-vraisemblance du modèle nul) à celle du modèle complet incluant les k variables explicatives (-2 log-vraisemblance du modèle donné). La différence entre ces deux déviances permet de calculer un indice G, suivant une loi du Khi-Carré à k degrés de liberté (Bewick et al., 2005). Cet indice mesure l'impact combiné de l'ensemble des variables explicatives sur la variable à prédire.

G = Khi-Carré = (-2 log-vraisemblance du modèle nul) - (-2 log vraisemblance du modèle donné) (*Equation 3.7.*). Une formulation équivalente est parfois présentée dans la littérature de la manière suivante :

$$G = \text{Khi} - \text{Carré} = -2\log\frac{\text{vraisemblance du modèle nul}}{\text{vraisemblance du modèle donné}} \qquad \textit{(Equation 3.8.)}$$

$$H = \sum_{g=1}^{10} \frac{O_g - E_g}{E_g} \qquad \textit{(Equation 3.9.)}$$

Où O_g et E_g représentent respectivement les événements observés et attendus pour le gième décile de risque. Le test statistique suit asymptotiquement une loi du chi-carré à 8 degrés de liberté, correspondant au nombre de groupes moins deux. Des valeurs faibles, associées à une p-value proche de 1, indiquent une bonne adéquation aux données et donc un bon ajustement global du modèle. À l'inverse, des valeurs élevées avec une p-value inférieure à 0,05 témoignent d'une mauvaise adéquation aux données. Hosmer & Lemeshow (2000) ne recommandent pas l'utilisation de ce test lorsque l'effectif n est petit, soit inférieur à 400 observations.

Si le modèle global fonctionne bien, la question suivante est de déterminer l'importance de chacune des variables indépendantes. Le coefficient de régression de la $i^{ième}$ variable indépendante indique la variation du logarithme des chances prédites d'obtenir un résultat suite à une variation d'une unité de la $i^{ième}$ variable indépendante, toutes choses étant égales par ailleurs. En d'autres termes, si la $i^{ième}$ variable indépendante, avec le coefficient de régression *b,* est modifiée d'une unité alors que tous les autres prédicteurs restent inchangés, le logarithme de la probabilité d'obtenir un résultat devrait varier de *b* unités. Il existe plusieurs tests statistiques conçus pour évaluer l'importance d'une variable indépendante dans une régression logistique, notamment le test du rapport de vraisemblance et la statistique de Wald (Medard, 2002).

On peut appliquer des tests statistiques aux coefficients de chaque variable pour vérifier leur signification. Pour chaque coefficient, on teste l'hypothèse nulle stipulant que le coefficient est nul, par rapport à l'hypothèse alternative en utilisant le test de Wald, Wj. Ce test de Wald peut également être employé pour comparer un modèle complet incluant toutes les variables prédictives à un modèle réduit fixant certains coefficients à zéro. La statistique de Wald permet d'évaluer la contribution individuelle des variables prédictives ou la signification des coefficients individuels dans un modèle donné (Médard, 2002). Elle correspond au rapport entre le carré du coefficient de régression et le carré de l'erreur standard du coefficient. Asymptotiquement, la statistique de Wald suit une loi de distribution de χ^2.

$$W_j = \frac{\beta_j^2}{SE_{\beta j}^2} \qquad \textit{(Equation 3.10.)}$$

Chaque statistique de Wald est comparée à une valeur critique du Khi-Carré avec un degré de liberté (ddl).

(ii) Validation du modèle

La validation constitue un processus crucial pour évaluer la validité interne de la régression et garantir que le modèle capture les relations essentielles dans le domaine étudié plutôt que d'être un artefact idiosyncrasique. Une question cruciale consiste à déterminer si les résultats de l'analyse de régression logistique sur l'échantillon peuvent être généralisés à la population dont provient l'échantillon, ce qui est appelé la validation du modèle.

Dans la pratique, un modèle peut être validé en dérivant et en estimant ses coefficients sur un premier jeu de données, puis en utilisant ce modèle pour prédire la variable de résultat sur un second jeu de données, tout en vérifiant les résidus. Si un modèle n'est validé qu'avec les données ayant servi à son élaboration, il existe un risque de surestimation. Par conséquent, la validité du modèle doit être évaluée en effectuant des tests d'ajustement et de discrimination sur un jeu de données indépendant (Giancristofaro & Salmaso, 2007).

Pour développer un modèle à partir d'un sous-échantillon d'observations et le valider avec l'échantillon restant, on parle de validation interne.

Les méthodes les plus couramment utilisées pour obtenir une bonne validation interne sont la division des données, la répétition de la division des données, la technique du jackknife et du bootstrapping (Harrell et al., 1996).

Lorsque la validité est testée avec un nouvel ensemble de données indépendantes provenant de la même population ou d'une population similaire, on parle de validation externe. L'utilisation d'un nouvel ensemble de données permet de vérifier le modèle dans un contexte différent. Si le premier modèle s'adapte bien au second ensemble de données, cela confirme une certaine généralisation du modèle. Cependant, si le modèle ne s'adapte pas aux secondes données, le manque d'adaptation peut être dû soit aux contextes différents des deux ensembles de données, soit à un réel manque d'adaptation du premier modèle (Vollmer, 1996).

(iii) Mesure de pseudos R^2

Bien que le modèle puisse ne pas correspondre parfaitement à l'ensemble des données observées, il est important d'évaluer son degré d'adéquation. Un résumé des indicateurs de qualité d'ajustement permet de déterminer dans quelle mesure le modèle prédit correctement les valeurs observées. Les diagnostics de régression, y compris l'analyse des résidus, de l'influence et de l'effet de levier, sont également essentiels pour identifier l'impact de chaque observation sur le modèle estimé. Les indicateurs R^2 de Cox et Snell et la mesure R^2 de Nagelkerke sont couramment utilisés par les logiciels statistiques pour évaluer la qualité d'ajustement des modèles (Park, 2013).

D. Détermination du nombre de variables significatives à retenir

En raison de la sensibilité des estimations de la variable incluse aux changements des variables omises, certains chercheurs optent pour la conservation de toutes les variables représentant le même facteur, si au moins l'une d'entre elles est statistiquement significative. Ce modèle est désigné comme le modèle complet (Lee & Mannering, 2002). En revanche, d'autres choisissent d'éliminer toutes les variables non significatives du modèle pour améliorer l'efficacité de l'estimation et appellent ce modèle le modèle réduit (Wang & Abdel-Aty, 2008).

De variables indépendantes qui permettent de positionner le choix de la REGIDESO en tant que source d'approvisionnement en eau potable les plus pertinentes dans le cadre de cette analyse sont le genre du chef de ménage, la profession du chef de ménage, le niveau d'instruction du chef de ménage, la qualité et le prix de l'eau distribuée par la REGIDESO, sélectionnées dans le cadre de cette étude, tout en reconnaissant la possibilité d'inclure d'autres variables en fonction des besoins de l'analyse.

La variable dépendante est le choix de la REGIDESO comme source d'approvisionnement en eau potable. Le *tableau 4* présente les variables indépendantes retenues dans le cadre de cette étude :

Tableau 2 : Variables indépendantes retenues

N°	variables	Signe attendu	Commentaires
1	Prix de l'eau de la REGIDESO (PRE)	-	Dans l'estimation d'une fonction de demande, l'accent est mis sur la relation entre le prix et les quantités et dans notre contexte spécifique, il s'agit de la relation entre le prix et le choix de la source d'approvisionnement en eau. On évalue l'appréciation qu'un abonné fait du prix, s'il est abordable ou non.
2	Qualité de l'eau de la REGIDESO (QRE)	+	Considérée comme bonne ou mauvaise, la qualité des eaux alternatives guide le choix des sources d'approvisionnement en eau. Cette variable était retenue. Car, déterminante également pour le choix des sources d'approvisionnement en eau par des ménages.
3	Niveau d'études du chef de ménage (NIV)	+	Le niveau d'études du chef de ménage a été retenu pour expliquer le choix des sources d'approvisionnement en eau des ménages
4	Genre du chef de ménage (GER)	-	Mâle ou femelle, le genre du chef de ménage compte dans le choix des sources d'approvisionnement.
5	Profession du chef de ménage (PRO)	-	L'activité professionnelle du chef de ménage a été également prise en compte pour expliquer ou pas le choix des sources d'approvisionnement en eau des ménages.

Source : Auteur, (2023)

Dans sa forme multiplicative, la fonction de demande en eau potable se présente comme suit :

$$Q=\beta GER^{\alpha 1}NIV^{\alpha 2}PRO^{\alpha 3}PRE^{\alpha 4}QER^{\alpha 5}\varepsilon \qquad \textit{(Equation 3.12.)}$$

β est une constante et αi (i=1, 2, 3, 4, …) sont les élasticités.

Pour des questions de commodité lors de l'estimation, nous avons pris le logarithme des deux membres de l'équation (3) et on obtient :

$$\text{Log}(Q) = \alpha_0+\alpha_1\text{Log}(PRE)+\alpha_2\text{Log}(QRE)+\alpha_3\text{Log}(GER)+\alpha_4\text{Log}(NIV)+\alpha_5\text{Log}(PRO)+\varepsilon.$$

(Equation 3.13.)

Avec $\alpha_0 = \text{Log}(\beta)$

C'est donc cette forme fonctionnelle qui a servi pour l'estimation du choix de la REGIDESO en tant que source d'approvisionnement en eau potable par les ménages de la zone de santé de Mbanza-Ngungu.

3.3.6 Analyses physico-chimiques, organoleptiques et bactériologiques

3.3.6.1Intérêt des analyses physico-chimiques, organoleptiques et bactériologiques

La caractérisation des eaux consommées à Mbanza-Ngungu a été réalisée en analysant certains paramètres physico-chimiques, organoleptiques et bactériologiques afin d'en attester la potabilité.

L'eau potable est une eau que l'on peut boire ou utiliser à des fins domestiques et industrielles sans risque pour la santé. Elle peut être distribuée sous forme d'eau en bouteille (eau minérale ou eau de source, eau plate ou eau gazeuse), d'eau courante (eau du robinet) ou encore dans des citernes pour un usage industriel (OMS, 2017).

Cela signifie que l'eau à considérer comme potable ne doit porter :

- ✓ Aucun micro-organisme pathogène et
- ✓ Aucune bactérie indiquant une pollution fécale.

Les charges de morbidité tolérables de maladies liées à l'eau sont généralement définies en termes de résultats spécifiques, tels qu'une valeur maximale de la fréquence des maladies diarrhéiques ou de l'incidence des cancers. Les divers dangers qui peuvent affecter l'eau peuvent se traduire par des effets très divers allant de diarrhées modérées à des maladies potentiellement graves telles que typhoïde, cancer ou fluorose osseuse. Les problèmes posés par les risques chimiques proviennent essentiellementde leur accumulation dans les tissus au bout de longues périodes d'exposition dont leurs effets sont cancérigènes ou mutagènes (Kiyombo, 2011).

Ces analyses ont été réalisées au laboratoire central de la REGIDESO S.A. à Kinshasa dont les procédés constituent la base de ce protocole d'analyses et Rodier J. et al. (2009).

3.3.6.2 Paramètres physico-chimiques

Le *tableau 5* donne la liste des paramètres physico-chimiques et bactériologiques ayant fait l'objet des analyses.

Le protocole d'analyses ci-après détaille la procédure utilisée pour caractériser la température, le pH, le THt, la couleur, la turbidité, la conductivité, les TDS, l'Indice de permanganate, l'Alcalinité simple, l'alcalinité complète, les Chlorures, le Fer total, les Nitrites, les Phosphates, les Sulfates, le Chlore résiduel et les Nitrates :

A. Température

i. Principe

La mesure de la température est fondée sur la dilatation thermique qui varie en fonction de la température.

ii. Matériel

- ✓ Un appareil multi-paramètre OHAUS Starter 400 series équipé d'une électrode avec thermomètre incorporé ;
- ✓ Pissette

iii. Réactifs

- ✓ L'eau distillée, solution de calibration.

iv. Mode opératoire

- ✓ Calibrer le thermomètre ;
- ✓ Rincer les électrodes à l'aide de l'eau distillée ;
- ✓ Plonger dans l'échantillon ;
- ✓ Attendre pendant 2-3 minutes que le chiffre qui s'affiche se stabilise et
- ✓ Lire le résultat.

B. pH

i. Principe

La mesure du pH est fondée sur le rapport qui existe entre la concentration en ions hydronium H_3O^+ et la différence de potentiel électrochimique qui s'établit dans le pH-mètre une fois plongé dans la solution étudiée.

ii. Matériels

- ✓ Un appareil multi-paramètre OHAUS Starter 400 séries équipé d'une électrode combinée avec pH-mètre incorporé ;
- ✓ Pissette

C. Réactifs

- ✓ L'eau distillée, solution de calibration.

iv. Mode opératoire

- ✓ Etalonner le pH-mètre avec une solution tampon de pH= 7,0 (Neutre), puis une autre solution tampon avec pH acide (4,0) ou basique (9,0) ;
- ✓ Rincer l'électrode et plonger dans l'échantillon à déterminer le pH ;
- ✓ Lire le pH sur l'écran du boitier électronique.

c. Dureté de l'eau ou Titre hydrotimétrique (THt)

i. Principe

Les alcalinoterreux présents dans l'eau sont amenés à former un complexe du type chélate par le sel disodique de l'acide éthylènediamine tétracétique à pH 10. La disparition des dernières traces d'éléments libres à doser est décelée par le virage d'un indicateur spécifique, le noir ériochrome. En milieu convenablement tamponné pour empêcher la précipitation du magnésium, la méthode permet de doser la somme des ions calcium et magnésium.

ii. Matériels

- ✓ Burette graduée ;
- ✓ Bécher de 250 ml ;
- ✓ Poire à pipeter ;
- ✓ Pipette graduée 10 ml

iii. Réactifs

- ✓ L'ériochrome ;
- ✓ La solution d'EDTA

iv. Mode opératoire

- ✓ Introduire 50 ml d'eau à analyser dans une fiole conique de 250 ml ;
- ✓ Ajouter 4 ml de solution tampon, en l'occurrence l'ammoniac et 3 gouttes d'une solution de noir d'ériochrome T à 5% ou une pincée de noir d'ériochrome. La solution prend la coloration rouge foncée ou violète. Le pH doit être de 10 ;
- ✓ En maintenant l'agitation, verser la solution d'EDTA goutte à goutte jusqu'au virage de la coloration violette à la couleur bleue ;
- ✓ Vérifier que la coloration ne change plus par addition d'une goutte supplémentaire d'EDTA ;
- ✓ Noter le volume V en ml de l'EDTA et
- ✓ Dureté en mg/l $CaCO_3$= V EDTAx10.

D. Titre alcalimétrique (TA)

i. Principe

Ce principe consiste en la neutralisation d'un certain volume d'eau par un acide minéral dilué, en présence d'un indicateur coloré.

ii. Matériels

- ✓ Burette de 25 ml ;
- ✓ Matériels courant de laboratoire (erlenmeyer, éprouvette de 100 ml, pipettes, …) et
- ✓ 1 pissette d'eau distillée.

iii. Réactifs :

- ✓ Phénolphtaléine ;
- ✓ Acide sulfurique (H_2SO_4) N/50 et
- ✓ Indicateur mixte.

iv. Mode opératoire :

- ✓ Prélever 100 ml de l'eau à analyser ;
- ✓ Ajouter 3 gouttes de phénophtaléine, si aucune coloration n'apparait, le TA = 0 ; sinon on a une coloration rose ;
- ✓ Titrer la solution avec H_2SO_4 N/50 ;
- ✓ Lire la chute de la burette et exprimer la valeur du TA en degré français (°f) ;
- ✓ Ajouter au même échantillon 3 gouttes d'indicateur mixte. Il se produit une coloration ;
- ✓ Titrer avec H_2SO_4 N/50 jusqu'au virage (rose) ;
- ✓ Le TAC s'exprime en degré français (°f) et
- ✓ Unité de mesure : mg de $CaCO_3$/litre. 1°f = 10 mg de $CaCO_3$/l.

E. Titre alcalimétrique Complet (TAC)

i. Principe.

Ce principe consiste en la neutralisation d'un certain volume d'eau par un acide minéral dilué, en présence d'un indicateur mixte.

ii. Matériels

- ✓ Burette ;
- ✓ Ernelmeyer et

- ✓ Compte-gouttes.

iii. Réactifs

- ✓ Indicateur mixte

iv. Mode opératoire

- ✓ Utiliser l'échantillon traité précédemment et
- ✓ Ajouter 2-3 gouttes d'indicateur mixte et titrer de nouveau avec le même acide sulfurique dilué N/50 jusqu'à l'apparition d'une coloration rose.

F. Conductivité

i. Principe

Il s'agit de déterminer la concentration Cx d'un soluté ionique en solution aqueuse à partir d'une droite d'étalonnage.

ii. Matériel

- ✓ Appareil multi-paramètre OHAUS Starter 400 series incluant la conductivité électrique avec électrodes et
- ✓ Pissette.

iii. Réactifs

- ✓ Eau distillée

iv. Mode opératoire

- ✓ Rincer la cellule de mesure plusieurs fois avec de l'eau déminéralisée, puis deux fois au moins avec l'échantillon d'eau à examiner ;
- ✓ Plonger la cellule de mesure de la conductivité dans le milieu de mesure ou dans un récipient contenant l'échantillon d'eau à examiner et veiller à ce qu'il n'y ait pas de bulles d'air sur l'électrode et
- ✓ Attendre que la valeur mesurée soit stable.

v. Expression des résultats :

Les résultats de la conductivité sont exprimés en millisiemens par mètre (mS/m) ou microsiemens (µS/cm) à 25 °C. La conductivité électrique mesurée à une température différente de 25°C doit être corrigée en utilisant le facteur de correction approprié indiqué dans l'annexe,selon la formule suivante :

$V = V_o f_{25}$

V : conductivité à 25°C ;

V_o : conductivité à la température de mesure ;

f25 : facteur de correction donné par le *tableau* en annexe.

G. Turbidité

i. Principe

La turbidimétrie ou opacimétrie est une variante de la spectrométrie d'absorption. Les éléments en suspension dans un liquide absorbent certaines radiations. La turbidimétrie mesure alors l'intensité lumineuse du faisceau transmis après traversée du milieu. La mesure s'effectue dans le même sens que celui du faisceau incident. La lumière diffusée latéralement par les particules en suspension est reçue par une cellule de mesure décalée de 90°.

ii. Matériel

- ✓ Turbidimètre de paillasse HANNA 188703 ;
- ✓ Etalon et
- ✓ Pissette à eau distillée.

iii. Réactifs

- ✓ Eau distillée.

iv. Mode opératoire

- ✓ Agiter l'échantillon d'eau à analyser ;
- ✓ Remplir la cellule en verre de 10 ml de capacité ;
- ✓ Placer la cellule dans le turbidimètre ;
- ✓ Refermer le couvercle puis appuyer sur le bouton
- ✓ Lire directement le résultat.

H. Couleur

i. Principe

La coloration d'une eau placée dans les tubes à colorimétrie est comparée soit avec celle d'une solution de référence de platine-cobalt soit avec de l'eau des ionisée et exprimée en unités Hazen.

ii. Matériels

- ✓ Spectrophotomètre DR 3900 ;
- ✓ Cellules et Pissettes.

iii. Réactifs

- ✓ Eau distillée.

iv. Mode opératoire

- ✓ Allumer l'appareil ;
- ✓ Remplir la cellule avec de l'eau distillée ;
- ✓ Placer la cellule dans l'appareil ;
- ✓ Appuyer sur le bouton en guise d'étalonnage ;
- ✓ Sortir la cellule contenant l'eau distillée puis la remplir à nouveau avec l'eau de l'échantillon après rinçage ;
- ✓ Introduire dans l'appareil la cellule contenant l'eau de l'échantillon et
- ✓ Appuyer sur le bouton puis lire le résultat.

I. Indice au permanganate ou Matières oxydables

i. Principe

Le principe est basé sur l'oxydo-réduction qui consiste à mesurer en milieu acide la quantité d'oxygène utilisée pour la réduction du permanganate par les matières oxydables contenues dans l'eau.

ii. Matériel

- ✓ Pieds gradués (100 ml et 10 ml) ;
- ✓ Erlenmeyer de 250 ml ;
- ✓ Plaque chauffante et
- ✓ Chronomètre.

iii. Réactifs

- ✓ Acide sulfurique : H_2SO_4 25% ;
- ✓ Permanganate de potassium : $KMnO_4$ N/80 et
- ✓ Oxalate de sodium : $Na_2C_2O_4$ N/80.

iv. Mode opératoire

- ✓ Prélever 100 ml de l'échantillon avec un pied gradué ;
- ✓ Déverser l'échantillon dans un erlenmeyer ;
- ✓ Ajouter 10 ml d'une solution de l'acide sulfurique 25% (mettre les billes en verre) ;
- ✓ Chauffer le mélange et dès le début de l'ébullition ;
- ✓ Ajouter 10 ml de permanganate de potassium N/80, maintenir l'ébullition pendant 10 minutes à faible température ;
- ✓ Arrêter de chauffer et ajouter 10 ml d'une solution d'oxalate de sodium N/80, la

solution se décolore complètement ;

- ✓ Titrer cette solution par le permanganate de potassium N/80 jusqu'à l'apparition d'une coloration rose pâle et
- ✓ Lire la chute de la burette. La quantité d'oxygène nécessaire à l'oxydation est égale au volume exprimé en mgO_2/l.

$$I = [8 \times (V1 + Va - Vb)]/b - 8$$

Où :

V1 : Volume de $KMnO_4$ initiale=10ml

Va : Volume de titrage de l'essai blancVb : Volume de prise d'essai

b : Volume de l'essai témoin.

J. Chlorures

i. Principe

Par l'argentimétrie, le principe consiste à ajouter un ion contenu dans une solution qui formera un composé insoluble avec l'ion à doser. On prélève la quantité du produit ajouté provoquant la précipitation totale. Cette dernière est répétée par un indicateur. Cet indicateur est un autre ion déclenchant un second précipité facilement repérable à la fin de la précipitation totale.

ii. Matériels

- ✓ Becher de 250 ml ;
- ✓ Burette de 25 ml ou de 10 ml de couleur brune ;
- ✓ Pipette graduée de 1 ml ou de 2 ml et
- ✓ pH-mètre.

iii. Réactifs

- ✓ Solution de nitrate d'argent ($AgNO_3$) N/25 ;
- ✓ Eau distillée et
- ✓ Solution de chromate de potassium K_2CrO_4 à 10%.

iv. Mode opératoire :

- ✓ Prélever 100 ml de l'échantillon à analyser (préalablement filtré si nécessaire) ;
- ✓ Verser l'échantillon prélevé dans un bécher de 250 ml ;
- ✓ Ajouter 1 ml de chromate de potassium à 10 % (coloration jaune) ;
- ✓ Titrer à l'aide d'une burette avec une solution de nitrate d'argent N/20 jusqu'au

virage à la teinte jaune orangé ;

- ✓ Soit Vt le nombre de millilitres de nitrate d'argent N/25 utilisé et
- ✓ Chlorures : (Vt-Vb)x14.2.

K. Chlore résiduel

i. Principe

En présence d'oxydants et à pH compris entre 6,2 et 6,5, la Diéthyl-p-phénylènediamine (DPD) s'oxyde en un radical semi-quinonique, qui peut également être dosé par volumétrie en utilisant un réducteur, le sulfate de fer et d'ammonium. L'oxydation de la DPD est rapide. Le chlore réagit instantanément avec la DPD.

ii. Matériel

- ✓ Comparateur et
- ✓ Cellule.

iii. Réactif

- ✓ DPD n°1(diéthyl-p-phénylènediamine)

iv. Mode opératoire :

- ✓ Remplir la cellule jusqu'au trait de jauge à 10 ml ;
- ✓ Plonger un comprime de DPD n°1 dans l'eau puis agiter ;
- ✓ Attendre la réaction, que la couleur de l'eau vire en rose ou reste incolore et
- ✓ Placer la cellule dans le comparateur puis lire le résultat.

L. Total des Solides dissous (TDS)

i. Principe

La mesure de TDS est toujours liée à celle de la conductivité et se ramène à celle de la résistance d'une colonne d'eau. La forte concentration en sels dissous confère à l'eau une forte conductivité. Les concentrations des différents ions étant proportionnelles, la salinité peut être mesurée par conductivité avec une grande précision.

ii. Matériel

- ✓ Appareil multi-paramètre OHAUS Starter 400 series incluant les TDS électrique avec électrodes et
- ✓ Pissette.

iii. Réactif

- ✓ Eau distillée.

iv. Mode opératoire :

- ✓ Agiter et prélever 100 ml de l'échantillon à analyser à l'aide du pied gradué ;
- ✓ Verser l'échantillon prélevé dans un bécher de 250 ml ;
- ✓ Plonger le TDSmètre électronique et
- ✓ Lire directement le résultat.

M. Nitrites et Nitrates

i. Principe

Par spectrophotométrie, la méthode consiste à mesurer l'absorbance, en solution afin de déterminer la concentration de l'espèce colorée. Plus l'échantillon est concentré, plus il absorbe la lumière.

ii. Matériels

- ✓ Le spectrophotomètre de marque HACH DR-3900.

iii. Réactifs

- ✓ NitriVer 3 pour les nitrites et NitraVer 5 pour les nitrates

iv. Mode opératoire :

- ✓ Mesurer 10 ml de l'échantillon à analyser ; verser cet échantillon dans un flacon colorimétrique propre ;
- ✓ Ajouter le contenu d'un petit sachet de NitraVer 5 pour le dosage des Nitrates ;
- ✓ Nitrates ou de NitriVer 3 pour le dosage des Nitrites ;
- ✓ Agiter vigoureusement pendant une minute, une coloration ambre se développe en présence de nitrates ;
- ✓ Attendre 5 minutes au moins et 15 minutes au plus pour le développement complet de la coloration ;
- ✓ Remplir un autre flacon colorimétrique avec 10 ml de l'eau distillée et le placer dans la cellule de mesure ;
- ✓ Faire la lecture en appuyant sur ZERO ;
- ✓ Placer l'échantillon préparé dans la cuvette de mesure, lire la concentration des nitrates en mg/l d'azote (N) ;
- ✓ Appuyer sur MESURE et
- ✓ Lire le résultat.

N. Fer total

i. Principe

Par spectrophotométrie, la méthode consiste à mesurer l'absorbance, en solution afin de déterminer la concentration de l'espèce colorée. Plus l'échantillon est concentré, plus il absorbe la lumière.

ii. Matériels

- ✓ Le spectrophotomètre de marque HACH DR-3900.

iii. Réactifs

- ✓ FerroVer.

iv. Mode opératoire :

- ✓ Mesurer 10 ml de l'échantillon à analyser ; verser cet échantillon dans un flacon colorimétrique propre ;
- ✓ Ajouter le contenu d'un petit sachet de réactif FerroVer ;
- ✓ Agiter, une coloration orange se développe en présence de Fer ferreux ;
- ✓ Attendre 3 minutes au moins et 30 minutes au plus pour le développement complet de la coloration ;
- ✓ Remplir un autre flacon colorimétrique avec 10 ml de l'eau distillée et le placer dans la cellule de mesure ;
- ✓ Faire la lecture en appuyant sur ZERO ;
- ✓ Placer l'échantillon préparé dans la cuvette de mesure, lire la concentration du Fer en mg/l ;
- ✓ Appuyer sur MESURE et Lire le résultat.

O. Phosphates

i. Principe

Par spectrophotométrie, la méthode consiste à mesurer l'absorbance en solution afin de déterminer la concentration de l'espèce colorée. Plus l'échantillon est concentré, plus il absorbe la lumière.

ii. Matériel

- ✓ Le spectrophotomètre de marque HACH DR-3900.

iii. Réactif

- ✓ PhosVer

iv. Mode opératoire :

- ✓ Mesurer 10 ml de l'échantillon à analyser ;
- ✓ Verser cet échantillon dans un flacon colorimétrique propre.
- ✓ Ajouter le contenu d'un petit sachet de PhosVer.
- ✓ Agiter vigoureusement pendant une minute, une coloration ambre se développe en présence de phosphates.
- ✓ Attendre 5 minutes au moins et 15 minutes au plus pour le développement complet de la coloration.
- ✓ Remplir un autre flacon colorimétrique avec 10 ml de l'eau et le placer dans la cellule de mesure ;
- ✓ Faire la lecture en appuyant sur ZERO ;
- ✓ Placer l'échantillon préparé dans la cuvette de mesure, lire la concentration des phosphates en mg/l ;
- ✓ Appuyer sur MESURE et
- ✓ Lire directement le résultat.

P. Sulfates

i. Principe

Par spectrophotométrie, la méthode consiste à mesurer l'absorbance, en solution afin de déterminer la concentration de l'espèce colorée. Plus l'échantillon est concentré, plus il absorbe la lumière.

ii. Matériel

- ✓ Le spectrophotomètre de marque HACH DR-3900.

iii. Réactifs :

- ✓ SulfaVer.

iv. Mode opératoire

- ✓ Mesurer 10 ml de l'échantillon à analyser ; verser cet échantillon dans un flacon colorimétrique propre ;
- ✓ Ajouter le contenu d'un petit sachet de SulfaVer ;
- ✓ Agiter vigoureusement 2-3 fois ;
- ✓ Attendre pendant 15 minutes pour le développement complet de la coloration puis agiter.
- ✓ Remplir un autre flacon colorimétrique avec 10 ml de l'eau, placer dans la cellule

de mesure ;

- ✓ Faire la lecture en appuyant sur ZERO ;
- ✓ Placer l'échantillon préparé dans la cuvette de mesure, lire la concentration des sulfates en mg/l.
- ✓ Appuyer sur MESURE et
- ✓ Lire le résultat.

3.3.6.3. Paramètres bactériologiques

Les milieux des cultures ont été préparés en fonction des bactéries à rechercher. Dans ce travail, quatre types de germes ont été recherchés. Les coliformes totaux, les coliformes fécaux, streptocoques fécaux et les E. *Coli* ont été choisis comme indicateurs de contamination de l'eau.

i. Méthode de filtration sur membrane

La technique de filtration sur membrane n'est pas appropriée pour des eaux brutes à cause de la charge bactérienne très élevée et de la teneur excessive en matières en suspension (MES) pouvant provoquer le colmatage de la membrane. Elle convient plutôt aux eaux très peu chargées en matières particulaires telles que les eaux potables.

ii. Principe

Le principe repose sur 4 étapes qui sont la filtration, l'ensemencement, l'incubation et le dénombrement des colonies. La filtration d'un volume donné d'échantillon sur une membrane de cellulose stérile de 0,45µ de porosité.

iii. Matériels

- ✓ Rampe de filtration ;
- ✓ Incubateur ;
- ✓ Pompe à vide ;
- ✓ Bec bunsen ;
- ✓ Etuve ;
- ✓ Bouteille de gaz butane ;
- ✓ Autoclave ;
- ✓ Compte colonie ;
- ✓ Boîte de pétri de diamètre de 55 mm ;
- ✓ Agitateur magnétique chauffant et
- ✓ Barreaux et baquettes magnétiques.

iv. Mode opératoire

- ✓ Désinfecter la paillasse et la rampe de filtration ;
- ✓ Laisser refroidir ;
- ✓ Relier le dispositif de filtration ;
- ✓ Brancher la pompe à une source d'énergie ;
- ✓ Fermer le robinet du dispositif de filtration ;
- ✓ Placer à l'aide d'une pince préalablement passée à la flamme puis refroidie, une membrane stérile (la tenir seulement par le bord extérieur) sur la base du support poreux ;
- ✓ Homogénéiser bien l'échantillon et verser 100 ml ;
- ✓ Ouvrir le robinet et actionner la pompe à vide pour accélérer la filtration de l'eau à travers la membrane ;
- ✓ Refermer aussitôt le robinet après que tout l'échantillon ait été filtré et
- ✓ Retirer l'entonnoir et ensuite la membrane et la déposer sur le milieu de culture.

Note : *Faire attention en déposant la membrane pour ne pas emprisonner de bulle d'air entre celle-ci et le milieu. Si cela se produisait, soulever légèrement la membrane en la tenant par le bord et la redéposer très doucement pour éliminer la bulle d'air.*

Le *tableau 6* donne les différents milieux de culture microbienne utilisés et leurs températures d'incubation.

a) Coliformes totaux

Le milieu de culture pour la recherche des coliformes totaux est le M-Endo Agar LES. L'incubation se fait à 37 °C. A la lecture des résultats 24 heures après, si positif, il se forme des colonies de couleur grise métallique.

Directive : 0 colonie/100 ml d'eau filtrée.

Interprétation : Problèmes d'hygiène des équipements, conduites, ustensiles, …

b) Coliformes fécaux

Le milieu de culture pour la recherche des coliformes fécaux est le M-FC Agar Base. L'incubation se fait à 44,5 °C. A la lecture des résultats 24 heures après, si positif, il se forme des colonies de couleur bleuâtre.

Directive : 0 colonie/100 ml d'eau filtrée.

Interprétation : Problème de pollution récente due aux excréments d'animaux à sang chaud.

c) Escherichia Coli

La recherche des E. Coli sert de confirmation lorsque la recherche des coliformes fécaux est positive. Le milieu de culture utilisée est l'eau peptonnée. L'incubation est réalisée à 37°C. Après 24 heures d'incubation, ajoutée 4-5 gouttes du réactif de Kovacs. A la lecture, si positif, il se forme un anneau rouge à la surface.

Directive : Absence.

Interprétation : Problème de pollution récente due aux excréments d'animaux à sang chaud.

d) Streptocoques fécaux

Le milieu de culture pour la recherche des streptocoques fécaux est le M-enterococcus Agar ou Slanetz Bartley. Pour la confirmation, le milieu de culture utilisée est Bill-Sculine Agar. L'incubation se fait à 44,5°C. La lecture quant à elle se fait 48 heures après. Si positif, il se forme des petites colonies multicolores. En guise de confirmation, la membrane filtrante ayant poussé est réensemencée dans un nouveau milieu de culture appelé Bile Esculine Agar puis incubée à 44,5 °C pendant 24 heures. A l'issue de l'incubation, si positif, il se forme des anneaux noirâtres autour des colonies.

Directive : 0 colonie/100 ml d'eau filtrée

Interprétation : Problème de pollution ancienne due aux excréments d'animaux à sang chaud.

3.3.6.4. Analyse en Composantes Principales (ACP)

Dans cette étude, nous examinons méthodiquement l'utilisation de trois méthodes d'analyse statistique : l'analyse en composantes principales (ACP), la classification hiérarchique ascendante (HAC) et l'analyse factorielle des correspondances multiples (AFCM) pour évaluer et caractériser les sources d'eau. L'ACP réduit la dimensionnalité des données et identifie les variables les plus significatives, tandis que la CAH regroupe les échantillons d'eau en groupes homogènes en fonction de leurs similitudes.

A l'aide du logiciel R, la méthode d'Analyse en Composantes Principales (ACP) permet de décrire des proximités entre des individus sur lesquels plusieurs caractères quantitatifs ont été mesurés. C'est une méthode qui nécessite de nombreux calculs matriciels (Lafaye de Micheaux, 2014 ; David, 2017). L'ACP s'applique aux tableaux Individus x Variables quantitatifs. Les variables qualitatives ordonnées dont les modalités sont chiffrées sont concernées aussi.

L'ACP permet de répondre à deux questions :

✓ Concernant les individus, quels sont ceux qui se ressemblent ou qui ont le même profil et se regroupent en ensembles plus ou moins homogène au regard de ces variables étudiées ?

- ✓ Concernant les variables, comment se structurent-elles ? En d'autres termes, en existe-t-il celles qui sont corrélées ?

Il sera question ici d'étudier la ressemblance ou la dissemblance entre les sources d'eau et la corrélation ou non entre les paramètres retenus.

Une matrice de corrélation est utilisée pour évaluer la dépendance entre variables en même temps. Le résultat est une table contenant les coefficients de corrélation entre les variables. On utilise souvent le « cercle des corrélations » pour obtenir une vision synthétique immédiate.

L'analyse en composantes principales a été effectuée sur une matrice de données composée de neuf échantillons. Pour traiter les données à l'aide de l'analyse en composantes principales, nous avons utilisé quelque dix-sept variables : Les caractéristiques physico-chimiques suivantes ont été étudiées : Turbidité, Couleur, Indice permanganate, TA, TAC, Fe, Chlore résiduel, Phosphates, Chlorures, Nitrites, Nitrates, Sulfates, Dureté, Température, TDS, pH et Conductivité.

A. Sélection du nombre k d'axes factoriels à retenir

Le nombre des composantes étant égal au nombre des variables sous étude, il vient alors le problème de savoir combien d'axes retenir et qui contiennent le maximum d'informations. On peut avancer 4 critères qui peuvent être utilisés pour prendre cette décision : le premier est le critère de Kaiser ou le critère de la valeur propre un, le deuxième est le critère de Cattel, le troisième est le pourcentage cumulé de variance, le quatrième est le critère de l'interprétabilité (Kizungu, 2022).

i. Critère de Kaiser ou le critère de la valeur propre un

Retenir l'axe qui a une valeur propre nettement supérieure à un. C'est le critère de Kaiser (Kaiser, 1960).

ii. Critère de Cattel (Cattel, 1966)

C'est un test qui consiste à représenter le graphique des éboulis. Si elle présente une coupure, alors les composantes à gauche sont retenues. Les autres sont rejetées.

iii. Pourcentage Cumulé de Variance (PCV)

Si on retient q composantes à interpréter sur les p, alors le PCV mesure le pourcentage de la variance capturée par les q Composantes Principales retenues. S'il n'y avait pas de direction privilégiée d'allongement du nuage, chaque axe factoriel porterait une part identique de la dispersion : 100% divisé par le nombre p de variables. On retient alors les axes qui contribuent pour plus de 100%/p (Kizungu, 2022).

L'analyse est pertinente si, avec un petit nombre d'axes, on explique une part importante de l'inertie. Beaucoup d'auteurs pensent qu'il est raisonnable de retenir un plan qui explique plus de 65 % d'information.

iv. Critère d'interprétabilité

Donner un sens interprétable à un axe. Pour y arriver, vérifier (Kizungu, 2022):

- ✓ Si au moins trois variables sont bien représentées sur l'axe,
- ✓ Si elles partagent la même signification conceptuelle,
- ✓ Si une structure simple s'observe c'est-à-dire, pour un groupe de variables, la représentation est bonne sur un axe et faible sur l'autre ;
- ✓ Observer le cercle de corrélation ;
- ✓ On arrive à interpréter les coordonnées principales ;
- ✓ Observer les individus et la signification aux groupes qui se forment.

3.3.6.5 Analyse Factorielle des Correspondances Multiples (AFCM)

L'Analyse Factorielle de Correspondances Multiples (AFCM) est l'une des méthodes qui permet de représenter graphiquement un tableau de contingence créé par le ou les croisements (tris croisés) de deux ou plusieurs variables qualitatives. La méthode vise à rassembler sur un ou plusieurs graphiques (plan factoriel) la plus grande partie possible de l'information contenue dans le tableau en s'attachant non pas aux valeurs absolues mais aux correspondances entre les caractéristiques, c'est-à-dire aux valeurs relatives. L'AFCM est une technique statistique utilisée sur les tableaux avec les individus en ligne, numérotés de 1 à N et à qui on a posé des questions à réponses qualitatives notées de 1 à P (Kizungu, 2022).

L'AFCM est utilisé pour étudier les relations entre différentes caractéristiques des sources d'eau (Karimi et al., 2004, Kamtchueng et al., 2016, Lavoie & Dillon, 2006, Loughead et al., 2001, Reavie & Smol, 1998, Szoszkeiwicz et al., 2014). En utilisant ces méthodes d'analyse, il devient possible d'obtenir des informations précieuses sur la qualité de l'eau, les composants chimiques présents, les facteurs environnementaux, et de nombreux autres paramètres pertinents.

3.3.6.6. Classification Ascendante Hiérarchique (CAH)

En parlant en termes des individus et des variables, supposant que « n » individus soient caractérisés par les « p » variables ou caractères, alors l'arbre est construit tel que pour les éléments qui sont dans un même groupe, chacun a plusieurs caractères communs avec les autres et chaque caractère est possédé par les membres du groupe. Les algorithmes qui construisent ces arbres sont connus sous le nom de « classification ascendantes hiérarchique ». Le plus utilisé est l'algorithme de Ward ou la méthode des moments d'ordre 2. En classification automatique, il n'y a pas de groupes *a priori*. La méthode cherche dans le nuage de points les zones denses qui formeront des groupes qu'il restera à interpréter par la suite. La notion d'homogénéité est liée à celle de la proximité (similarité ou dissimilarité). D'où la notion de mesure de ressemblance.

Il existe une multitude de critères de ressemblance entre objets. Legendre L. et Legendre P., (1984) cités par Kizungu, 2022, on répertorie au-delà de 70 différents. Toutefois, tous appartiennent à deux grands types : (1) les mesures de distance et (2) les mesures de similarité.

3.3.6.7. Prélèvement des échantillons

A. Typologie d'origine d'eau

Les coordonnées géographiques sont consignées dans le *tableau 3* :

Tableau 3 : Coordonnées géographiques des points de prélèvements

N°	NOM DU SITE	La	Lo
1	Puits av Yukula n°50	5°14'55"	14°53'34"
2	REGIDESO av Ahténée n°17	5°14'36"	14°53'04"
3	Puits av Ahténée n°17	5°14'36"	14°53'04"
4	Puits av Nseka n°36	5°14'14"	14°52"42"
5	Source Tadila Village	5°12'55"	14°51'58"
6	Source Kumbi Village	5°13'36"	14°50'47"
7	Source Nzenze Village	5°17'23"	14°47'20"
8	REGIDESO Garage ex-TP	5°15'24"	14°51'20"
9	Aqua Kola	5°14'20"	14°54'20"

Source : Auteur, 2024

Toutes ces coordonnées géographiques ont été projetées sur la *figure 3* ci-après :

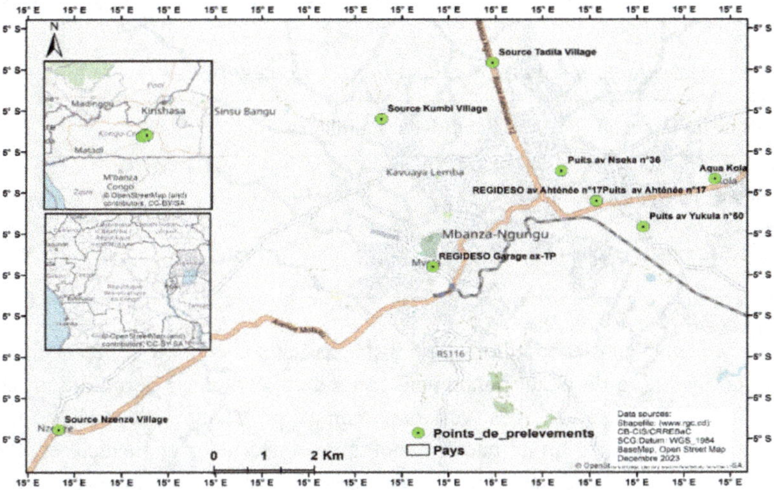

Figure 3 : Carte des points de prélèvement d'échantillons d'eau. Auteur, 2024

Pour évaluer la potabilité des eaux consommées à Mbanza-Ngungu, neuf (09) échantillons d'eau ont été prélevés.

Il a s'agit de :

- ✓ Trois sources très fréquentées par la population dans la zone de santé. Des sources des 3 aires de santé qui dépendent exclusivement de ce type d'eau alternative du fait de l'absence des installations de la REGIDESO. Les aires de santé concernées sont celle de Kumbi, de Nzenze et de Tadila. Ces trois (3) aires de santé comptent 35666 habitants, soit 21,59% de la population totale de la zone de santé de Mbanza-Ngungu. A cause de la distance, aucun échantillon n'a été prélevé dans l'aire de santé de Langa qui présente les mêmes caractéristiques ou presque.
- ✓ Trois puits dans les aires de santé très dépendantes de ces eaux. Les aires de santé concernées sont celle de Loma et celle d'Athénée. Ces deux aires de santé font un total de 43363 habitants, soit 26,25% de la population totale de la zone de santé.
- ✓ Deux robinets du réseau de la REGIDESO dans deux aires de santé différentes desservies ; un en face de l'usine (Aire de santé de Loma) et l'autre dans une aire de santé loin de l'usine (Nsona-Nkulu, la borne fontaine installée dans l'enceinte du garage ex-TP). Le total des habitants dans ces deux aires de santé est de 40365 habitants, soit 24,44% de la population de la zone de santé.

✓ Un forage industriel dans la zone de santé de Mbanza-Ngungu, Aqua Kola.

Le *tableau 4* présente la liste des points d'eau choisis pour le prélèvement d'échantillons.

Tableau 4 : Répartition du nombre d'échantillons par catégorie

N°	Points de prélèvement	Nombre d'échantillons	%
1	Sources	3	33,3
2	Robinet de la REGIDESO	2	22,2
3	Puits artisanaux	3	33,3
4	Forages industriels : Aqua Kola	1	11,1
Total		9	100

Source : Auteur, 2024

Le prélèvement d'échantillons a été instantané et non continu, reflétant ainsi la composition évolutive de l'eau, notamment face aux phénomènes de pollution. Une meilleure compréhension de ces variations aurait pu résulter de prélèvements multiples, mais cela a été limité par des contraintes matérielles et financières. Pour assurer la répétabilité, les échantillons ont été prélevés trois (3) fois à des intervalles réguliers de trois (3) semaines. Ces prélèvements ont eu lieu entre les mois d'octobre et novembre de l'année 2023.

A. Prélèvement d'échantillons d'eau pour les analyses bactériologiques

Les techniques de prélèvement d'échantillons d'eau pour nos analyses physico-chimiques et organoleptiques ont été différentes de celles de prélèvement d'échantillons pour analyses bactériologiques.

Les échantillons ont été prélevés dans des conditions aseptiques. Chaque prélèvement a été effectué dans un récipient stérile, en suivant un protocole précis pour éviter toute contamination accidentelle. Ils ont ensuite été transportés au laboratoire et analysés après une brève période de conservation dans des conditions adéquates. Les récipients utilisés, une fois bouchés, ont été totalement protégés contre toute contamination externe. Des flacons en verre de 500 ml, à bouchage émeri, ont été utilisés. Avant leur utilisation, ces flacons ont été minutieusement lavés, rincés, séchés, puis stérilisés à l'étuve. L'objectif était de garantir l'absence totale de toute trace éventuelle de détergent, d'antiseptique ou de microbes.

Du fait que l'eau distribuée par la REGIDESO est traitée au chlore comme désinfectant, le prélèvement de ses échantillons de cette eau chlorée, le chlore pouvant, au cours du transport, continuer d'exercer son action sur les bactéries éventuellement présentes, il était nécessaire de le détruire. Ainsi, il y avait été ajouté dans le flacon de prélèvement avant sa stérilisation, quelques gouttes de thiosulfate de sodium. Le mode de prélèvement a tenu compte de l'origine de l'eau. Lors du prélèvement au robinet, la manipulation s'est effectuée dans les meilleures conditions d'asepsie. Avant de procéder au prélèvement proprement dit :

- ✓ Enlever les brise-jets et tuyaux en caoutchouc adaptés au robinet choisi, débarrasser celui-ci des concrétions calcaires, qui s'y étaient déposés ;
- ✓ Désinfecter les mains et les avants-bras à l'alcool, laisser sécher à l'air libre ;
- ✓ Ouvrir le robinet et laisser couler l'eau 3 à 5 minutes avant de faire le prélèvement,
- ✓ Flamber le robinet pendant au moins 1 minute, à l'aide d'une flamme obtenue par le ouate imbibé d'alcool ;
- ✓ Flamber rapidement le bord de ce goulot ;
- ✓ Remplir presque entièrement le flacon à 3/4,
- ✓ Flamber à nouveau rapidement le bord du goulot et mettre le bouchon.

Les échantillons sont ensuite placés dans une boîte isotherme (glacière) déjà munie d'accumulateurs de froid.

B. Prélèvement d'échantillons pour les analyses physico-chimiques

Le prélèvement d'échantillons des destinés aux analyses physico-chimiques n'a pas eu les mêmes exigences que celui des échantillons à des fins d'analyses bactériologiques. Le prélèvement consistait à ouvrir le robinet, laisser couler l'eau pendant 1-2 minutes puis rincer la bouteille en plastique 1-2 fois puis remplir. Pour l'eau des puits ou des sources, rincer 1-2 fois puis remplir la bouteille. Les échantillons sont ensuite placés dans une boîte isotherme (glacière) déjà munie d'accumulateurs de froid.

CHAPITRE QUATRIEME : RESULTATS ET DISCUSSION

Ce chapitre comme le titre l'indique, est consacré à la présentation et la discussion des résultats issus des données de nos enquêtes de terrain et de nos analyses au laboratoire. Ces données ont subi des analyses univariées et bivariées. Sans oublier les résultats d'analyses des paramètres physico-chimiques et bactériologique des eaux consommées à Mbanza-Ngungu.

4.1. Présentation des résultats

Les résultats de cette étude sont structurés comme suit : en premier lieu, les caractéristiques socio-démographiques des répondants au questionnaire d'enquête, comprenant le genre, l'âge, le niveau d'études, la principale activité du chef de ménage, la taille du ménage, etc. Ensuite, les facteurs déterminants du choix de la REGIDESO comme source d'approvisionnement en eau potable. Enfin, les résultats d'analyses physico-chimiques et bactériologiques des échantillons d'eau prélevés à Mbanza-Ngungu.

4.1.1. Caractéristiques socio-économiques des ménages enquêtés

L'analyse des caractéristiques socio-démographiques des ménages enquêtés montre que sur les 23595 ménages que compte la zone de santé de Mbanza-Ngungu, 71,1% des ménages sont dirigés par les hommes contre 28,9% par les femmes. Le secteur de la Fonction publique emploie 35,0% des personnes enquêtées, alors que 60,1% sont employés par le secteur privé informel et seulement 4,9% évoluent dans le secteur privé formel. Quant au statut marital, 71,4% des répondants sont mariés contre 16,5, 6,1 et 6,0% sont respectivement des célibataires, des veufs et des divorcés. Ces renseignements sont consignés dans le *tableau 5.*

Tableau 5 : Caractéristiques socio-démographiques des ménages enquêtés

N°	Caractéristiques socio-démographiques des enquêtés		Effectif	% (N=817)
1	Genre	Masculin	581	71,1
		Féminin	236	28,9
2	Tranche d'âge	≤ 25	28	3,4
		26 à 40	329	40,3
		41 à 55	270	33
		≥ 56	190	23,3
3	Secteur de profession	Fonction publique	286	35
		Privé formel	40	4,9
		Privé informel	491	60,1
4	Niveau d'instruction	Post universitaires	5	0,6
		Etudes universitaires	193	23,6
		Etudes secondaires	468	57,3
		Etudes primaires	120	14,7
		Aucun	31	3,8
5	Statut marital	Célibataire	135	16,5
		Marié(e)	583	71,4
		Veuf (ve)	50	6,1
		Divorcé(e)	49	6
6	Taille du ménage	≤ 5	233	28,5
		6 à 9	441	54
		≥ 10	143	17,5
7	Nombre de filles du ménage	≤ 2	356	43,6
		3 à 5	391	47,9
		≥ 6	70	8,6
8	Nombre de garçon du ménage	≤ 2	436	53,4
		3 à 5	354	43,3
		≥ 6	27	3,3

Source : Auteur, 2024

4.1.2. Comparaison des prix de vente de l'eau à Mbanza-Ngungu

Un autre aspect abordé dans ce travail, il y avait le prix de l'eau. Le constat fait était que le prix de vente dépend du type du conditionnement du produit. La REGIDESO qui livre son eau en vrac, dispose de deux types de tarifications, au compteur et sans compteur. L'eau de la REGIDESO est vendue à crédit. Parce que la facture est payée à terme échu.

C'est tout le contraire avec ses concurrents. Ces derniers livrent l'eau en la conditionnant en bouteilles de 750 ml, de 1 l, de 5 litres, en bidons de 5 litres et de 25 litres et la vendent au comptant.

En ramenant tout au mètre cube, le *tableau 6* donne les différents prix pratiqués par les vendeurs de l'eau à Mbanza-Ngungu :

Tableau 6 : Prix de vente de l'eau à Mbanza-Ngungu par m^3 et en Usd

N°	Marque Commerciale/Enterprise	Unité	PU en USD[2]
1	REGIDESO	m^3	0,3
2	SUISSTA	m^3	467
3	AQUA KOLA	m^3	70
4	MAYI LUZINGU	m^3	2

Source : Auteur, 2024

Il ressort de ce tableau que les prix pratiqués par les concurrents de la REGIDESO sont très différents et exorbitants. Le prix appliqué par la REGIDESO se justifie du fait de la subvention accordée par l'Etat congolais contrairement aux autres entreprises.

En effet, d'une part, ces formes d'approvisionnement en eau naissent essentiellement à partir de « logiques de marché » ayant pour finalité le bénéfice et ne profitant donc pas à la frange la plus pauvre de la population. D'autre part, il s'avère que les petits opérateurs privés ont une structure de coûts désavantageuse par rapport aux grands systèmes. Ils ne peuvent pas bénéficier des économies d'échelle de ces derniers, ce qui entraîne des coûts plus importants de leurs services.

4.1.3. Approvisionnement en eau par les ménages

4.1.3.1. Sources d'approvisionnement en eau de boisson

La principale source d'approvisionnement en eau de boisson des ménages est l'eau vendue en sachet (26,3%) suivie de l'eau des sources aménagées (20,4%) et de l'eau du robinet de la REGIDESO (18,4%), (*Figure 4*).

[2]Ces observations ont été faites au mois de juin 2023.
Le taux de change en vigueur à Mbanza-Ngungu à l'époque était de 2000 CDF/USD.
Pour l'eau de la REGIDESO : $1m^3$ d'eau était vendu à 600CDF, soit 0,3Usd.
Pour SUISSTA, la bouteille de 750ml était vendue à 700CDF. Pour faire $1m^3$, il faut 1333 bouteilles de 0,75 l, ce qui fait un total de 933333CDF, soit 467USD/m^3.
Pour l'eau d'Aqua Kola, 1 bidon de 5 litres coûtait 700CDF. Pour faire $1m^3$; il faut 200 bidons de 5 l, ce qui fait un coût total de 140000CDF, soit 70USD/m^3.
Enfin, pour l'eau de Mayi Luzingu, 1 bidon de 25 l coûtait 100CDF. Il faut 40 bidons de 25 l pour faire 1 m^3. Ce qui fait un coût total de 4000CDF, soit 2USD/m^3.

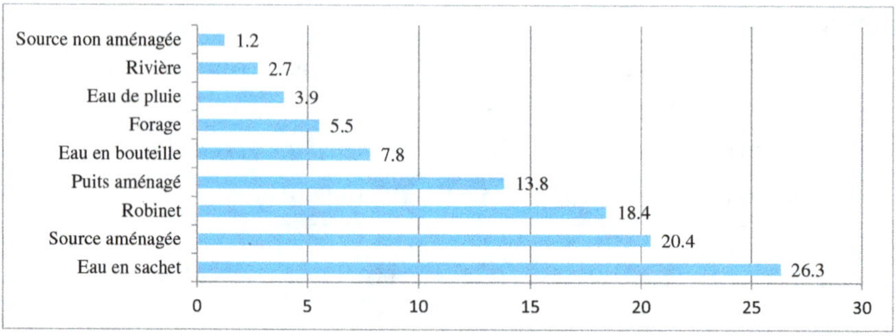

Figure 4 : Sources d'approvisionnement en eau de boisson (Auteur, 2024)

4.1.3.2. Source d'approvisionnement en eau pour les usages autre que la boisson

A propos de la source d'approvisionnement en eau pour des usages autre que la boisson, l'eau de la REGIDESO vient en première position (20,1%) suivie de l'eau des puits aménagés (10%) et des sources aménagées (4,9%), (*Figure 5*).

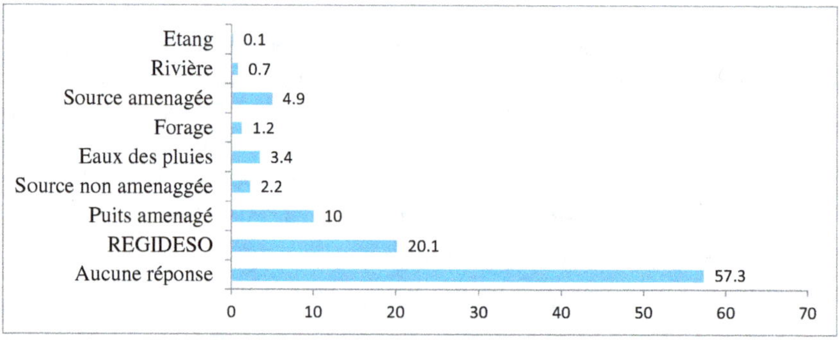

Figure 5 : Sources d'approvisionnement en eau pour d'autres usages que la boisson (Auteur, 2024)

4.1.3.3. Raisons de recourir à d'autres sources d'eau que l'eau de la REGIDESO

Les raisons qui poussent les ménages à recourir à d'autres sources d'eau que l'eau de la REGIDESO, sont reprises dans la *figure 12*. Plus de 38,5 des personnes enquêtées avancent la raison de l'absence de l'eau de la REGIDESO dans leur quartier ou village. Tanique 27,1% des répondants trouvent que la desserte de l'eau de la REGIDESO connait des ruptures fréquentes, d'autres ont qualifié l'eau de la REGIDESO d'impropre à la consommation (11,2%), d'autres encore la trouve salée (8,9%) et altère les habits (8,4%). (*Figure 6*).

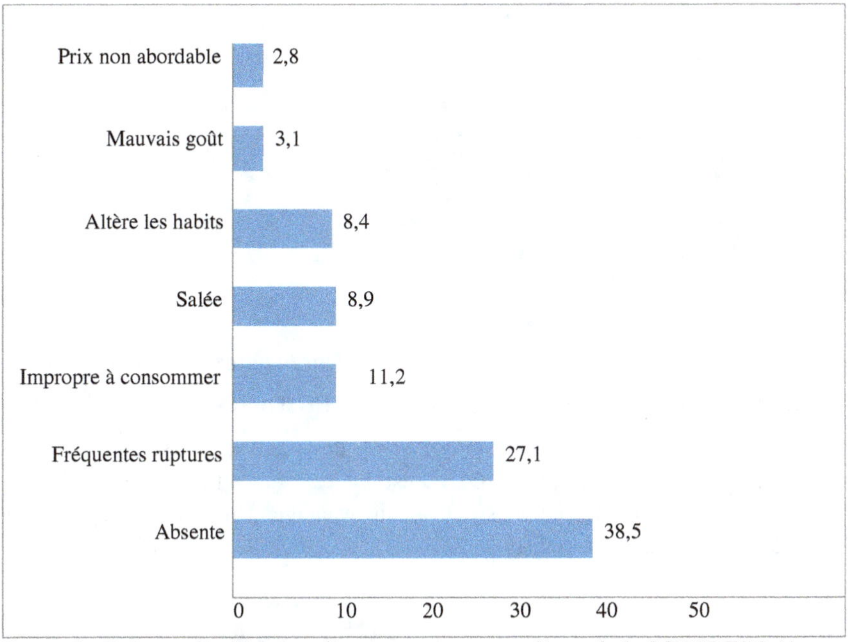

Figure 6 : Raisons d'utilisation d'autres sources que l'eau de la REGIDESO (Auteur, 2024)

4.1.4. Choix de l'eau de la REGIDESO ou des eaux alternatives

4.1.4.1. Choix de l'eau de la REGIDESO

La zone de santé de Mbanza-Ngungu est à la fois urbaine et rurale. Toute la partie rurale composée des aires de santé de Langa, Nzenze, Kumbi et Tadila n'est pas desservie du tout par la REGIDESO. Dans la partie urbaine de la zone de santé, composé des 8 autres aires de santé, Noki, Nsona-Nkulu, Ngungu, Christ-Roi, Athénée, Loma, Militaire et Ville haute, l'extension du réseau de la REGIDESO n'a pas suivi l'étalement de la ville (l'urbanisation), seulement 26% des personnes enquêtées disposent d'un robinet à domicile, voir *figure 7*.

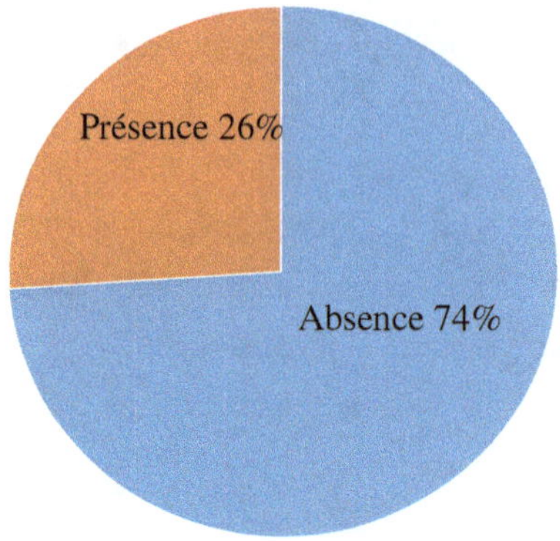

Figure 7 : Présence de robinet de la REGIDESO dans la parcelle (Auteur, 2024)

4.1.4.2. Avantages de l'utilisation de l'eau de la REGIDESO

Les résultats de la *figure 8* montrent que, plus de 35% des personnes interrogées reconnaissent que l'eau de la REGIDESO est une eau traitée (avantage), contre 25% des répondants qui n'en reconnaissent aucun avantage. Un peu plus de 15% des enquêtés reconnaissent que le prix de l'eau de la REGIDESO est abordable.

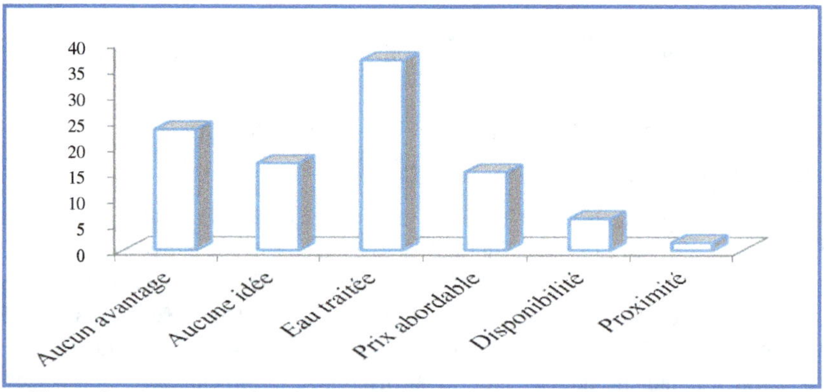

Figure 8 : Avantages d'utilisation de l'eau de la REGIDESO (Auteur, 2024)

4.1.4.3. Risques d'utilisation d'autres sources

La *figure* 9 ci-dessus montrent qu'en ce qui concerne les risques que courent les consommateurs d'eau autre que l'eau de la REGIDESO, plus de 45% des répondants reconnaissent que les consommateurs de cette catégorie d'eau courent le risque des maladies hydriques. Plusieurs autres types de risques ont été évoqués, c'est le cas des risques des conflits sociaux, insécurité. Cependant, une proportion non négligeable des répondants, soit un peu plus de 15% pensent qu'il n'y a aucun risque.

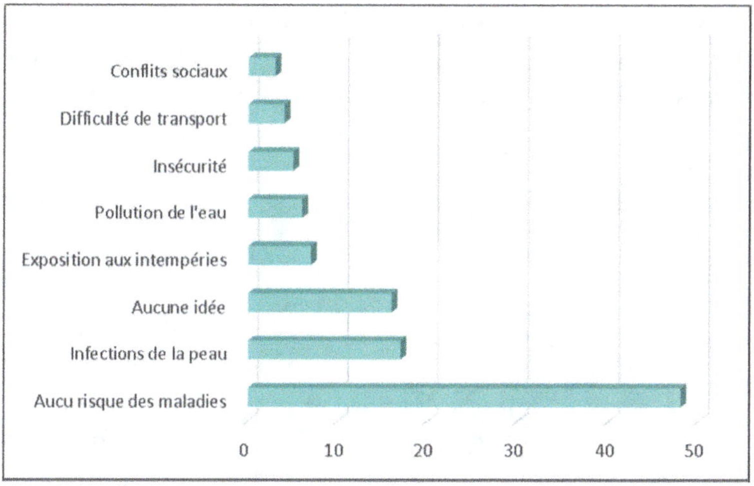

Figure 9 : Risques d'utilisation d'autres sources d'eau que l'eau de la REGIDESO (Auteur, 2024)

4.1.4.4. Traitement de l'eau

La proportion des ménages qui traitent l'eau est donnée par la *figure 10.* A la lecture de cette figure, il apparait que 76% des ménages ne traitent pas leur eau. Par contre, 24% des ménages procèdent au traitement de leur eau.

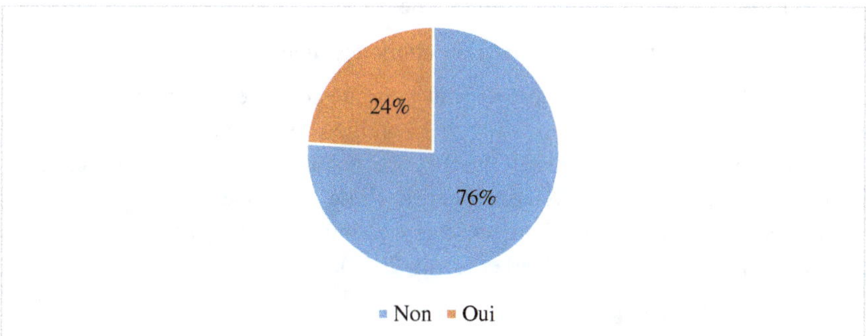

Figure 10 : Proportion des ménages qui traitent l'eau à domicile (Auteur, 2024)

4.1.4.5. Techniques de traitement de l'eau de boisson

Il ressort de la *figure 11* que les techniques de traitement de l'eau de boisson auxquelles recourent les ménages sont multiples et variées.

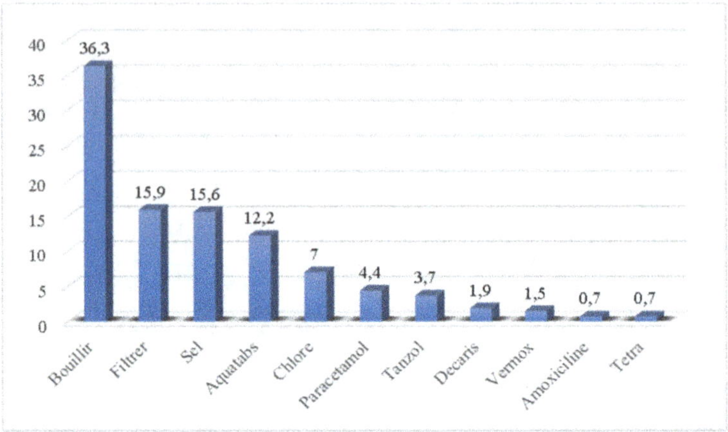

Figure 11 : Techniques de traitement de l'eau de boisson (Auteur, 2024)

Plus de 36% des ménages bouillissent l'eau de boisson, suivie de la filtration 19,9%, de la salaison 15,6%. D'autres techniques évoquées sont l'utilisation des comprimés Aquatabs 12,2%, Chlore granulé 7%, Paracétamol 4,4%, Tanzol 3,7%, Vermox 1,5%, Décaris, 1,9% ou Amoxicilline 0,7%.

4.1.5 Modèle logistique d'ajustement du choix des ménages

Les résultats du modèle probit sont présentés dans les *tableaux 7, 8* et *9* ci-dessous. La régression a été réalisée sur un échantillon de 817 ménages (212 raccordés au réseau d'eau potable de la REGIDESO et 605 non raccordés) de la zone enquêtée. Le modèle est globalement satisfaisant, car, le R^2 de McFadden est égal à 32,1%, ce qui représente une valeur supérieure au seuil jugé minimal pour justifier la robustesse d'un modèle probit de 25 % (Briand et Loyal, 2017).

Tableau 7 1: Ajustement du modèle

Modèle	Critères d'ajustement du modèle	Tests des ratios de vraisemblance		
	-2 log vraisemblance	Khi-Carré	ddl	Signification.
Constante	614,754			
Final	313,977	300,777	18	,000

Source : Auteur, (2024)

Il existe une association significative entre les variables indépendantes et la variable dépendante. Collectivement, ces variables influencent le choix de la

REGIDESO en tant que source d'approvisionnement en eau potable par les ménages de la zone de santé de Mbanza-Ngungu. Le degré de significativité de 0,000 < 0,05 est très faible. Ce modèle a permis d'analyser les variables qui ont un impact sur l'attitude des ménages à choisir la REGIDESO comme source d'approvisionnement en eau potable par les ménages de la zone de santé de Mbanza-Ngungu. Selon les résultats des analyses réalisées sur SPSS, le modèle est significatif à 95% de seuil de confiance.

Tableau 8 : Valeurs de R^2

Pseudo R-Carré	
Cox et Snell	,308
Nagelkerke	,451
McFadden	,321

Source : Auteur, (2024)

A la lecture de ce *tableau*, 32,1% dans la variabilité de choisir la REGIDESO comme source d'approvisionnement en eau potable par les ménages de la zone de santé de Mbanza-Ngungu est expliquée par les cinq variables dépendantes suivantes : Genre du chef de ménage, Niveau d'études du chef, Profession du chef de ménage, Appréciation du prix de l'eau de la REGIDESO et Appréciation de la qualité de l'eau de la REGIDESO.

Tableau 9 : Tests de ratios de vraisemblance

Variables	**Critères d'ajustement du modèle**	**Tests des ratios de vraisemblance**		
	-2 log-vraisemblance du modèle réduit	**Khi-Carré**	**ddl**	**Signif.**
Constante	313.977	0.000	0	
Genre du chef de ménage	319.970**	5.993	1	0.014
Niveau d'étude du chef	324.361**	10.383	4	0.034
Profession du chef de ménage	326.080***	12.103	3	0.007
Prix de l'eau REGIDESO	402.719***	88.742	5	0.000
Qualité de l'eau de la REGIDESO	333.794***	19.817	5	0.001

Source : Auteur, (2024)

$$Q=\beta GER\alpha_1 NIV\alpha_2 PRO\alpha_3 PRE\alpha_4 QER\alpha_5 \varepsilon$$

$$LogQ = 0,904 - 0,544*GER + 3,171*NIV - 0,766*PRO - 3,133*PRE + 1,661*QER + \varepsilon$$

0.000 0.014 0.034 0.007 0.000 0.001

La profession et le genre du chef du ménage constituent des facteurs qui réduisent la probabilité de choisir la REGIDESO en tant que source d'approvisionnement en eau potable. Idem pour le prix de l'eau de la REGIDESO. Autrement dit, plus les ménages seront dirigés par les femmes ou par les agents de la fonction publique, la probabilité de choisir la REGIDESO en tant que source d'approvisionnement en eau potable tendra vers la baisse. De même que le prix de l'eau de la REGIDESO. Plus celui-ci augmentera, la probabilité de choisir la REGIDESO en tant que source d'approvisionnement en eau potable tendra vers la baisse.

Par contre, le niveau d'études et la qualité de l'eau de la REGIDESO sont des facteurs qui influencent positivement le choix de la REGIDESO en tant que source d'approvisionnement en eau potable. Ce qui signifie que si les ménages sont plus dirigés par les chefs dont le niveau d'études est élevé, la probabilité de choisir la REGIDESO en tant que source d'approvisionnement en eau potable tendra vers la hausse. La tendance sera la même en ce qui concerne l'appréciation de la qualité de son eau.

4.1.6 Qualité physico-chimique des eaux

4.1.6.1 Résultats descriptifs

Les résultats de différentes analyses effectuées sur les échantillons d'eaux de sources, de puits, de forage et de la REGIDESO sont présentés dans le *tableau 14*. Les analyses réalisées ont permis de dégager le comportement de certains paramètres descriptifs de la qualité physico-chimique des eaux sous étude. Sur les 17 paramètres physico-chimiques analysés, 12 ont présenté des valeurs conformes aux directives sur tous les échantillons d'eau sous étude. Les paramètres concernés sont : la conductivité, la dureté, l'indice permanganate, les TDS, le TA, le TAC, les chlorures, le chlore résiduel, les nitrates, les nitrites, les phosphates, et les sulfates.

La conductivité permet d'apprécier le niveau de minéralisation d'une eau. La conductivité détermine l'ensemble des sels minéraux dissous dans l'eau (Rodier et al., 2009 et Rejsek, 2002). Il s'agit principalement des sels dissous, chlorures, sulfates, calcium, sodium, magnésium, ... Une variation de la conductivité électrique indique donc des anomalies et peut permettre de détecter la présence d'une pollution (OMS, 2017). En effet, de valeurs obtenues en ce qui concerne la minéralisation des échantillons d'eaux consommées dans la zone de santé de Mbanza-Ngungu, il a été observé deux groupes dont l'un à faible minéralisation et le second très faiblement minéralisé. Le premier groupe à faible minéralisation est constitué des deux échantillons de l'eau de la REGIDESO et l'échantillon de l'eau du puits de l'avenue Athénée n°17. Ce groupe présente une conductivité moyenne de 345,62 µS/cm. Le second groupe des eaux très peu minéralisé est constitué des échantillons d'eau prélevés sur l'avenue Yukula n°50, source Nzenze, puits sur l'avenue Nseka n°30,

Aqua Kola, source Tadila et source de Kumbi. Ce groupe à tendance très peu minéralisé a une conductivité moyenne de 52,39 µS/cm.

La dureté ou Titre hydrotimétrique THt fait référence à la quantité de calcium et de magnésium contenue dans l'eau. Ces deux éléments proviennent de l'altération de la roche-mère. La teneur en calcium est habituellement plus élevée que le magnésium dans les eaux souterraines (Rodier et al., 2009). Par contre, là où on trouve de la contamination par l'eau de mer, la concentration en magnésium peut être plus élevée que celle du calcium. L'eau douce ou moins dure est corrosive. En général, une eau dure n'est pas souhaitable pour l'usage domestique. L'eau dure nécessite trop de savon pour mousser, et l'eau douce dépense trop d'eau pour rincer : un équilibre souhaitable correspond à 15° hydrotimétriques français, soit 150 mg/l de $CaCO_3$ (Kiyombo, 2011). Les valeurs moyennes des résultats d'analyse des échantillons d'eau prélevés à Mbanza-Ngungu sont toutes inférieures à la valeur guide de l'OMS de dureté. Une dureté supérieure à environ 200 mg/litre peut provoquer l'entartrage du système de distribution et entraîner une consommation excessive de savon avec formation d'écume (OMS, 2017). L'intensité de ces effets dépend cependant d'autres facteurs, comme le pH et l'alcalinité. Lorsqu'elle est chauffée, une eau dure laisse déposer du carbonate de calcium. Une eau riche en calcium et en magnésium possède généralement des quantités équivalentes de bicarbonate ou de carbonate, lesquelles lui confèrent une alcalinité élevée. Lorsque l'alcalinité est élevée, le calcium et le magnésium sont les deux principaux éléments qui causent des problèmes d'eau incrustante et qui peuvent progressivement obstrués les goutteurs par des dépôts calcaires. Il arrive toutefois que la dureté de l'eau soit élevée sans pour autant que son alcalinité le soit. C'est le cas lorsque le calcium et le magnésium de l'eau sont sous forme de sulfates et de chlorures. (OMS, 2017). L'eau sous étude est légèrement dure avec une dureté moyenne de 279 mg/l de $CaCO_3$. La valeur maximale est de 620 mg/l de $CaCO_3$ pour l'échantillon d'eau de la source de Kumbi et la valeur minimale est de 153 mg/l de $CaCO_3$ pour l'échantillon d'eau du puits de l'avanue Yukula n°50.

L'indice permanganate est une mesure conventionnelle de la contamination par les matières organiques biodégradables et les matières inorganiques oxydables dans un échantillon d'eau. Les eaux de Mbanza-Ngungu sous étude ne connaissent pas de pollution organique en référence aux valeurs de ce paramètre.

L'oxydabilité au permanganate de potassium présente une valeur inférieure à 5 mg d'O_2/L pour toutes ces eaux dont les valeurs varient de 0,8 à 2,9 mg d'O_2/L.

La mesure des solides totaux dissous (STD ou TDS) consiste à déterminer les sels de calcium (Ca_2^+), de magnésium (Mg_2^+), de sodium (Na^+), les chlorures (Cl^-), les sulfates (SO_4^{2-}) et les bicarbonates (HCO_3^-) qui sont les principaux sels responsables de la salinité de l'eau. La salinité peut se mesurer de deux façons, soit par les solides totaux dissous (STD) exprimé en mg/L ou, plus couramment, par la conductivité électrique. La conductivité électrique est exprimée en millisiemens/centimètre (mS/cm). Une salinité peut influencer significativement le goût de l'eau potable. Une eau contenant moins de 600 mg/L de TDS est généralement considérée comme de bonne qualité, tandis qu'au-dessus de 1200 mg/L, le goût devient de plus en plus désagréable. Inversement, une eau avec une très faible teneur en TDS peut avoir un goût plat et insipide, la rendant ainsi inacceptable (OMS, 2017).

La présence de fortes quantités de TDS peut être jugée inacceptable par les consommateurs en raison de la formation excessive de tartre dans les canalisations et les ustensiles ménagers (OMS, 2017). Tous les échantillons d'eau analysés présentent un niveau de TDS inférieur à 1000 mg/l, ce qui est conforme à la recommandation maximale de l'OMS. Cependant, les échantillons de la REGIDESO affichent des niveaux plus élevés par rapport aux eaux des sources, des puits et du forage d'Aqua Kola.

L'alcalinité est une mesure du pouvoir de l'eau à neutraliser les acides, c'est un peu comme le « pouvoir tampon de l'eau ». En d'autres termes, l'alcalinité mesure la résistance à tout changement de pH. Le pouvoir neutralisant de l'eau est attribué principalement à la présence de bicarbonates de calcium et de magnésium dissous dans l'eau. Dans les eaux naturelles, l'alcalinité résulte le plus généralement de la présence d'hydrogénocarbonates, carbonates et hydroxydes (Rodier J. et al., 2009). L'étude de l'alcalimétrie des échantillons d'eau prélevés à Mbanza-Ngungu donne des valeurs moyennes largement inférieures à 500 mg/l de $CaCO_3$. Quant au titre alcalimétrique complet, seul l'échantillon de l'eau de la source de Nzenze qui présente une valeur maximale de 620 mg de $CaCO_3$ par litre.

Les chlorures peuvent causer de la corrosion des métaux. De plus, les doses plus élevées de chlorures de sodium dans l'eau causent de l'hypertension artérielle chez l'homme (Vuvu, 2021). Tous les échantillons d'eau analysés ont présenté une concentration en ions chlorures inférieures à la valeur limite de l'OMS. Des concentrations élevées de chlorures confèrent un goût indésirable à l'eau. Le seuil de détection gustative de l'anion chlorure dépend du cation associé et il est de l'ordre de 200 à 300 mg/litre pour les chlorures de sodium, de potassium et de calcium (OMS, 2017).

La présence du chlore résiduel dans l'eau traitée signifie la satisfaisante désinfection. L'Organisation Mondiale de la Santé en fixe la limite minimale à 0,2mg/l dans le réseau de distribution (OMS, 2017). Les deux échantillons d'eau prélevés dans le réseau de distribution de la REGDESO ont fait état de 0,3 mg/l en moyenne.

Par contre, 5 paramètres analysés sur les 17 ont présenté des valeurs non conformes aux directives de l'OMS, avec beaucoup de différences entre les échantillons. Les paramètres en question sont : la turbidité, la couleur, la température, le pH et le Fer total.

La température des eaux consommées à Mbanza-Ngungu sont légèrement au-dessus de 25°C recommandés pour les deux échantillons de la REGIDESO, les trois échantillons des sources, les trois échantillons des puits et le seul échantillon d'Aqua Kola. Une eau fraîche est généralement plus agréable au goût qu'une eau tiède. Une température élevée favorise la croissance des micro-organismes, peut accentuer le goût, l'odeur et la couleur et aggraver les problèmes de corrosion (OMS, 2017).

La turbidité des échantillons analysés est de deux catégories. Seuls trois échantillons sur 9 sont conformes aux directives de l'OMS, les deux échantillons de la REGIDESO et celui d'Aqua Kola. Les six autres échantillons ont présenté une turbidité dont la valeur n'est pas conforme à la directive de l'OMS. Il s'agit des échantillons des trois sources (Tadila, Kumbi et Nzenze) et des trois puits (avenue Yukula n°50, avenue Athénée n°27 et avenue Nseka n°30). Ces eaux n'ont pas une bonne clarté. Car, leurs turbidités sont supérieures à 5 UNT sauf l'eau de la REGIDESO et d'Aqua Kola dont la turbidité varie entre 0,59 et 1,14 UNT. Quant à la couleur, la limite supérieure de 15 Pt-Co est largement dépassée par les eaux des puits de l'avenue Athénée n°17 et celui de l'avenue Nseka n°30 et celles des sources de Tadila et de Nzenze.

La turbidité n'a pas d'effet direct sur la santé. Cependant une eau turbide est susceptible de cachée des microorganismes qui seront difficilement détruits par la désinfection (OMS, 2017). Elle est suivie, notamment pour permettre une bonne désinfection de l'eau, éliminer tout polluant absorbé sur les matières en suspension (métaux lourds, ...) et éviter tout dépôt dans le réseau de distribution. Pour que la désinfection par le chlore soit efficace, il doit de préférence être maintenu au-dessous de 3 UNT (OMS, 2017).

Le pH est la mesure de la concentration en ions hydrogène de la solution (H^+). Il est représenté par une expression logarithmique, c'est donc dire que la concentration en H^+, à pH 6,0 est 10 fois plus grande que celle à pH 7,0 et 100 fois plus grande que celle à pH 8,0. Plus la concentration en ion hydrogène est élevée, plus le pH est bas et plus c'est acide. Ce paramètre est suivi pour éviter la corrosion des conduites si l'eau est acide et l'entartrage en présence d'une eau basique. Le pH n'a pas de conséquences directes pour le consommateur, c'est l'un des paramètres opérationnels les plus importants pour la qualité de l'eau (Rodier et al., 2009). Le pH doit être soigneusement ajusté à tous les stades du traitement de l'eau pour assurer une clarification et une désinfection satisfaisantes. A la lecture des résultats des échantillons d'eau prélevés à Mbanza-Ngungu concernant le pH, il ressort qu'il y a deux catégories de ces eaux, celles qui ont un pH dont les valeurs moyennes sont inférieures à celles édictées par l'OMS, soit légèrement acide et celle qui ont présenté des valeurs du pH répondant aux directives comprises entre 6,5 et 8,5 mais légèrement basiques. Les échantillons d'eau concernés étaient le puits de l'avenue Athénée n°27, le puits de l'avenue Nseka n°30, l'échantillon d'Aqua Kola, la source de Tadila et la source de Kumbi. Le pH mesuré est quasi constant pour les échantillons de la REGIDESO et de l'avenue Yukula, il se situe entre 6,5 et 7,1, conformes aux directives de l'OMS. Mais légèrement acide pour tous les autres échantillons, compris entre 4,9 et 6,1. Ces pH se trouvent dans l'intervalle des eaux légèrement acides et donc, non conformes aux directives de l'OMS.

A propos de la couleur, les échantillons d'eau analysés présentent deux profils distincts. Une coloration supérieure à 15 Pt-Co ne signifie pas nécessairement que l'eau est impropre à la consommation. Sauf que cette coloration peut aussi résulter d'une contamination par des effluents industriels et être le premier signe d'une situation dangereuse (OMS, 2017). Sur les 9 échantillons, 4 ont présenté des valeurs moyennes qui sont dans la conformité des directives. Soit 5, 1, 0 et 3 Pt-Co respectivement pour l'eau de la REGIDESO de l'Avenue Athénée n°17, l'eau de la REGIDESO au garage Ex-TP, l'eau d'Aqua Kola et l'eau de la source de Kumbi. Par contre, l'eau des 3 puits et celle des sources de Tadila et Nzenze ont présenté des valeurs moyennes strictement supérieures à 15 Pt-Co. Les valeurs de ces échantillons se présentent comme suit pour l'eau du puits de l'avenue Yukula n°50, l'eau de l'avenue Athénée n°17, l'eau de l'avenue Nseka n°30, l'eau de la source de Tadila et celle de la source de Kumbi : 14, 31, 17, 34 et 48 respectivement.

La teneur en Fer est largement supérieure à 0,2 mg/l pour la plupart des échantillons d'eau analysés en dehors de ceux des eaux de la REGIDESO, d'Aqua Kola, Tadila et Yukula. Cette teneur en Fer très élevée des sites de l'avenue Athénée n°17, avenue Nseka n°30, source de Kumbi et source de Nzenze par rapport aux autres sites, devrait soulever une interrogation sur la géochimie du sol et sous-sol de Mbanza-Ngungu.

Le *tableau 10* présente les valeurs moyennes des résultats d'analyses des paramètres physico-chimiques.

Tableau 10 : Valeurs moyennes des résultats d'analyses des paramètres physico-chimiques

N°	ECHANTILLON	Directives OMS 2017	W	P	L	S	Q	AK	C	K	V
1	**TEMPERATURE**	25°C	26,7	26,4	26,6	26,6	26,7	25,6	26,1	26,6	26,5
2	**TURBIDITE**	Max 5 UNT	0,62	0,59	8,5	12,07	13,23	1,14	13,43	7,88	29,87
3	**pH**	6,5-8,5	7,1	6,9	6,5	5,9	4,8	5,7	5,5	4,9	6,1
4	**COULEUR**	Max 15 Pt-Co	5	1	14	31	17	0	34	3	48
5	**Ind PERMA**	PVG	0,8	0,9	1,1	1,3	1,4	1,6	2	2,2	2,9
6	**CONDUCTIVITE**	Max 1500 µs/cm	323,3	345,29	64,99	368,28	22,55	36,6	24,33	78,42	87,39
7	**TDS**	PVG	169,5	171,32	32,92	126,3	10,63	18,7	10,83	33,73	41,91
8	**TA**	PVG	0	0	0	0	0	0	0	0	0
9	**DURETE**	PVG	204	197	170	153	218	254	169	525	620
10	**TAC**	PVG	7,21	7,215	2,96	8,575	6,225	5,91	4,855	16,79	6,13
11	**CHLORURES**	Max 250 mg/l	39,76	47,54	58,86	57,24	31,32	46,4	43,99	39,29	37,19
12	**NITRATES**	Max 50 mg/l	1,3	2	2,4	4,4	2	6,3	2,7	3,4	4,5
13	**NITRITES**	Max 0,5 mg/l	0,052	0,029	0,046	0,063	0,036	0,09	0,186	0,02	0,031
14	**PHOSPHATES**	Max 0,1 mg/l	0,138	0,155	0,218	0,358	0,055	0,12	0,121	0,253	0,164
15	**SULFATES**	PVG	49	56	1	22	1	9	19	6	3
16	**FER TOTAL**	Max 0,3 mg/l	0,26	0,22	0,38	3,82	2,37	0,18	0,65	1,5	3,26
17	**CHLORE RÉSIDUEL**	Min 0,2 mg/l	0,3	0,3							

Source : Auteur, (2024)

Légende : W : Robinet REGIDESO Avenue Athénée n°27 ; P : Robinet REGIDESO Garage EX-TP ; L : Puits Avenue Yukula n°50 ; S : Puits Avenue Athénée n°17 ; Q : Puits Avenue Nseka n°30 ; AK : Forage Aqua Kola ; C : Source Tadila ; K : Source Kumbi ; V : Source Nzenze. PVG : Pas de valeur guide.

A. Matrice de corrélation entre paramètres physico-chimiques

A la suite des analyses réalisées, nous avons procédé à la confection de la matrice de corrélation pour étudier s'il y a un lien entre les paramètres en présence. Le *tableau 15* ci-après présente les coefficients de corrélation entre les variables.

L'analyse des corrélations entre variables sous étude montre une corrélation significative entre les paramètres ci-après au seuil de 95% de confiance :

- ✓ Couleur et Turbidité ;
- ✓ TDS et Conductivité ;
- ✓ Nitrites et Dureté
- ✓ pH et indice permanganate et
- ✓ Sulfates et TDS.

Le *tableau 11* donne les résultats de l'analyse de de colinéarité entre les paramètres physico-chimiques.

Tableau 11 : Analyse de colinéarité entre les paramètres physico-chimiques

Variables		TEMP	TURB	pH	COUL	Ind PERMA	COND	TDS	DUR	TAC	CHLO	NITRA	NITRI	PHOS	SULF	FER T.
TEMPERATURE	Corrélation	1														
	Signification	.														
TURBIDITE	Corrélation	0,59	1													
	Signification	0,13	.													
pH	Corrélation	-0,13	0,30	1												
	Signification	0,77	0,47	.												
COULEUR	Corrélation	0,35	0,90	0,33	1											
	Signification	0,40	**0,00**	0,43	.											
Ind PERMA	Corrélation	0,41	0,65	0,82	0,56	1										
	Signification	0,32	0,08	**0,01**	0,15	.										
CONDUCTIVITE	Corrélation	0,22	0,19	0,36	0,28	0,44	1									
	Signification	0,59	0,65	0,39	0,50	0,28	.									
TDS	Corrélation	0,20	0,13	0,51	0,17	0,58	0,94	1								
	Signification	0,64	0,76	0,20	0,69	0,13	**0,00**	.								
DURETE	Corrélation	0,47	0,16	0,48	-0,15	0,66	0,36	0,54	1							
	Signification	0,25	0,72	0,23	0,72	0,08	0,38	0,17	.							
TAC	Corrélation	0,35	-0,45	-0,28	-0,53	-0,15	0,46	0,47	0,43	1						
	Signification	0,39	0,26	0,50	0,18	0,73	0,25	0,24	0,29	.						
CHLORURES	Corrélation	-0,25	0,00	0,22	0,19	-0,11	0,13	-0,07	-0,33	-0,17	1					
	Signification	0,54	1,00	0,60	0,66	0,79	0,76	0,87	0,43	0,69	.					
NITRATES	Corrélation	-0,63	-0,28	0,16	-0,15	-0,23	0,20	0,07	-0,14	-0,11	0,51	1				
	Signification	0,09	0,51	0,71	0,72	0,59	0,63	0,87	0,74	0,79	0,20	.				
NITRITES	Corrélation	-0,54	-0,15	-0,02	0,24	-0,25	-0,22	-0,26	-0,80	-0,46	0,22	0,01	1			
	Signification	0,17	0,72	0,96	0,56	0,55	0,61	0,53	**0,02**	0,26	0,60	0,98	.			
PHOSPHATES	Corrélation	0,30	0,11	0,09	0,19	0,09	0,61	0,40	0,10	0,44	0,70	0,30	-0,20	1		
	Signification	0,46	0,80	0,83	0,66	0,83	0,11	0,33	0,81	0,28	0,06	0,48	0,63	.		
SULFATES	Corrélation	-0,17	-0,18	0,43	-0,02	0,35	0,65	0,80	0,23	0,31	-0,23	-0,09	0,17	-0,03	1	
	Signification	0,70	0,68	0,29	0,97	0,39	0,08	**0,02**	0,58	0,46	0,58	0,82	0,69	0,94	.	
FER TOTAL	Corrélation	0,60	0,68	-0,08	0,61	0,31	0,61	0,43	0,17	0,13	0,00	0,05	-0,38	0,47	-0,04	1
	Signification	0,12	0,07	0,85	0,11	0,46	0,11	0,29	0,69	0,76	0,99	0,91	0,36	0,24	0,92	.

Source : Auteur, (2024)

4.1.6.2 Analyse en Composantes Principales (ACP)

La cartographie des sites en fonction des paramètres physico-chimiques se présente comme suit (*figure 12*) à la suite de la projection des variables dans l'espace des axes CP1, CP2 et CP3.

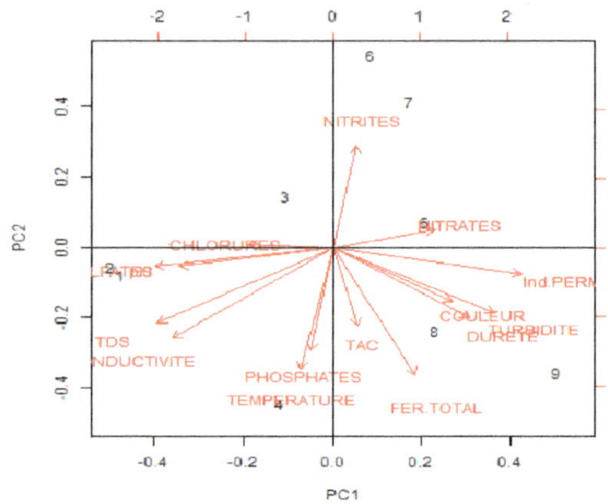

Légende: Sources "W"=1,"P"=2,"L"=3,"S"=4,"Q"=5,"AK"=6,"C"=7,"K"=8,"V"=9

Figure 12 : Projection des paramètres physico-chimiques dans l'espace des axes CP1, CP2 et CP3. Auteur, (2024)

Légende : W : Robinet REGIDESO Avenue Athénée n°27 ; P : Robinet REGIDESO Garage EX-TP ; L : Puits Avenue Yukula n°50 ; S : Puits Avenue Athénée n°17 ; Q : Puits Avenue Nseka n°30 ; AK : Forage Aqua Kola ; C : Source Tadila ; K : Source Kumbi ; V : Source Nzenze.

La résolution ou l'analyse de la projection des individus sur les plans factoriels PC1 et PC2 a donné les caractéristiques suivantes des sources d'approvisionnement en eau (*figure 17*) :

Corrélées positivement avec l'axe PC1, ces sources d'eau 8 et 9, soit Source Kumbi et Source Nzenze sont caractérisées par des eaux dures, riches en Fer total, colorées, alcalines et turbides. Négativement corrélés à l'axe PC1, 5, 6 et 7, soit Puits Avenue Nseka, Forage Aqua Kola et Source Tadila sont moins dures, riches en Nitrates et Nitrites.

Corrélées positivement avec l'axe PC2, ces sources d'eau 1, 2 et 4, soit les deux robinets de la REGIDESO et Puits Avenue Athénée n°17, sont caractérisées par les eaux salines, riches en Chlorures, Sulfates, Conductivité et Solides totaux dissous. Négativement corrélé avec le PC2, avec l'eau moins dure, source d'eau 3, soit Puits

Avenue Yukula n°50.

Le *tableau 12* donne les pourcentages cumulés des variances. Importance des composants :

Tableau 22 : Pourcentage cumulé des variances

	PC1	PC2	PC3	PC4	PC5	PC6	PC7	PC8	PC9
Ecart-type	2.3094	1.7725	1.4510	1.3356	1.0816	0.91791	0.7535	0.2354	2.847 e-15
Proportion de la variance	0.3555	0.2094	0.1404	0.1189	0.0780	0.05617	0.0378	0.0036	0.000 e+00
Proportion cumulée	0.3555	0.5650	0.7054	0.8243	0.9023	0.95845	0.9963	1.0000	1.000 e+00

Source : Auteur, (2024)

L'analyse en composantes principales a été effectuée sur une matrice de données relatives aux résultats d'analyses physico-chimiques, composée de neuf échantillons. Pour traiter les données à l'aide de l'analyse en composantes principales, nous avons utilisé quinze variables : Les caractéristiques physico-chimiques suivantes ont été étudiées : Turbidité, Couleur, Indice permanganate, TAC, Fe, Phosphates, Chlorures, Nitrites, Nitrates, Sulfates, Dureté, Température, TDS, pH et Conductivité.

A 70,54% de précision nous pouvons grouper les sources d'approvisionnement en eau en trois axes :

- ✓ L'axe PC1 donne une variance de 35,55%, exprimée en TAC, Phosphates, Température et Fer total élevés.
- ✓ L'axe PC2 présente une variance de 20,91% exprimée en Nitrites et Nitrates élevés.
- ✓ L'axe PC3 présente une variance de 14,04% exprimée en Couleur, Turbidité, Dureté et Indice permanganate élevés. La représentation graphique de ce phénomène est donnée par la *figure 13*.

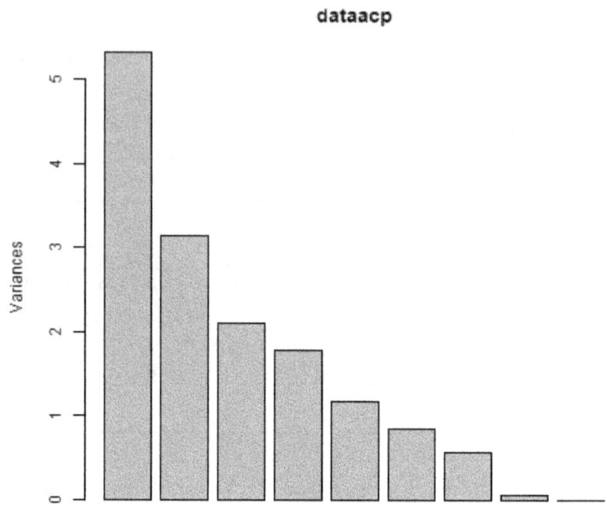

Figure 13 : Ébouli des variances expliquées par les 9 axes de l'AFC.

Cette représentation est réalisée sur la base des paramètres physico-chimiques.

4.1.6.3 Classification Ascendante Hiérarchique (CAH)

La classification ascendante hiérarchique (CAH) a été utilisée pour regrouper les eaux ayant des caractéristiques de salinité et de dureté similaires. Cette classification permet de comprendre la similitude et la dissemblance entre les sources d'eau, ce qui peut être utile pour décider de leur utilisation et des besoins de traitement. La *figure 19* montre qu'il existe deux groupes de sources d'eau. Le premier groupe est composé de sources 1, 2, et 4, qui se caractérisent par une eau salée et moins dure.

Le deuxième groupe est constitué des sources d'eau 3, 5, 6,7, 8 et 9, qui se caractérisent par de l'eau moins saline et dure.

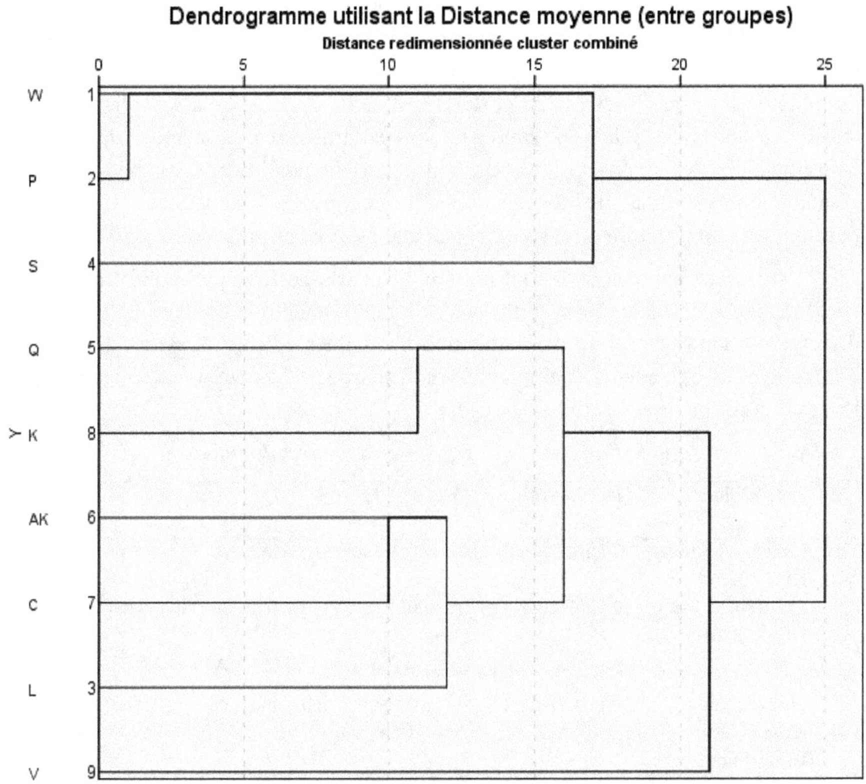

Figure 14 : donne l'arbre hiérarchique des sources d'approvisionnement en eau potable dans la zone de santé de Mbanza-Ngungu.

Légende : W : Robinet REGIDESO Avenue Athénée n°27 ; P : Robinet REGIDESO Garage EX-TP ; L : Puits Avenue Yukula n°50 ; S : Puits Avenue Athénée n°17 ; Q : Puits Avenue Nseka n°30 ; AK : Forage Aqua Kola ; C : Source Tadila ; K : Source Kumbi ; V : Source Nzenze

4.1.7 Qualité bactériologique des eaux

4.1.7.1 Résultats de l'analyse descriptive

Aucun indicateur de contamination fécale dans tous les échantillons d'eau de la REGIDESO et d'Aqua Kola n'a été détecté. Ce sont les eaux qui sont traitées, en plus du fait que ces eaux sont pompées à des profondeurs assez grandes dépassant les 100 mètres.

A propos de la présence des *E. Coli*, tous les échantillons ayant positivé aux coliformes fécaux ont accusé leur présence, soit 2 puits sur 3 (soit 66.67%) et 1 source sur 3 (soit 33.337%). Il s'agit des échantillons d'eau du puits de l'avenue Athénée n°17, du puits de l'avenue Nseka n°30 et de la source de Kumbi. Cela s'explique dans la mesure où ces 2 puits et la seule source ne sont pas aménagés, par manque de périmètre de protection, les exposant aux eaux de ruissellement des eaux de pluie, aux contaminations des matières fécales humaines et animales à sang chaud. Les eaux en question ne sont pas traitées et sont tirées à une profondeur moyenne de 10 mètres.

Les deux sources et le seul puits n'ayant pas positivé aux coliformes fécaux sont aménagés de façon à éviter les eaux de ruissellement et contaminations fécales diverses ou sont situés loin des habitations humaines. C'est le cas de la source de Tadila, le puits de l'avenue Yukula n°50 et la source de Nzenze. Le *tableau 13* donne les résultats d'analyses bactériologiques.

Tableau 13 : Résultats d'analyses des paramètres bactériologiques

N°	Echantillon	Directives OMS 2017	W	P	L	S	Q	AK	C	K	V
1	Coliformes totaux UFC/100ml	0 UFC/100ml	0	0	Ind	Ind	Ind	0	Ind	Ind	Ind
2	Coliformes fécaux UFC/100ml	0 UFC/100ml	0	0	0	Ind.	Ind.	0	0	Ind.	0
3	E. Coli	A	A	A	A	P	P	A	A	P	A
4	Streptocoques fécaux UFC/100ml	0 UFC/100ml	0	0	0	Ind.	Ind.	0	0	101	Ind.

Source : Auteur, (2024)

Légende : W : Robinet REGIDESO Avenue Athénée n°27 ; P : Robinet REGIDESO Garage EX-TP ; L : Puits Avenue Yukula n°50 ; S : Puits Avenue Athénée n°17 ; Q : Puits Avenue Nseka n°30 ; AK : Forage Aqua Kola ; C : Source Tadila ; K : Source Kumbi ; V : Source Nzenze.

4.1.7.2 L'environnement des points de prélèvement d'échantillons d'eau

Pour justifier la présence des germes trouvés dans les échantillons d'eau sous étude, l'observation de l'environnement immédiat des sites de prélèvement a été faite.

Le *tableau 14* présente l'environnement des points de prélèvement d'échantillons d'eau analysés.

Tableau 14: Points de prélèvement des échantillons d'eau

N°	Nom et nature du point de prélèvements	Description de l'environnement
01	Avenue Yukula n°50	- Présence de 3 vieux tombeaux à 30 mètres ; - L'eau se situe à 5,6 mètres de profondeur ; - Saisonnièrement le puits est entouré des cultures maraichères ; - Le quartier est habité. - Elevage des bêtes en divagation.
02	Athénée n°30	- Le puits est entouré des cultures maraichères ; - Présence des toilettes à moins de 30 mètres du puits ; - Profondeur : 4,6 m ; - Saisonnièrement le puits est entouré des cultures maraichères ; - Elevage des bêtes en divagation.
03	Nseka n°30	- Présence des toilettes à moins de 30 mètres du puits ; - Saisonnièrement le puits est entouré des cultures maraichères ; - Profondeur : 8,30 m ; - Elevage des bêtes en divagation.
04	Source de Tadila	- En amont et en aval, la source est entourée des champs ; - La source est située dans la brousse à 1 km du village ; - La lessive, le bain et la vaisselle se font sur place ; - Elevage des bêtes en divagation.
05	Source de Kumbi	- La source est située à moins 50 m, en contre-bas de la dernière maison du village ; - Le bain, la lessive et la vaisselle sont réalisés au même endroit, proche du lieu de puisage de l'eau de boisson ; - A côté de cette source, une autre est aménagée sous les safoutiers, couverte des tôles rouillées. Son eau jaillit à l'aide d'un morceau de bouteille en plastique ; - Elevage des bêtes en divagation.
06	Source de Nzenze	- La source est située à plus 300 m du village mais en contre-bas de la route nationale n°1 Kinshasa-Matadi, aménagée en maçonnerie ; - En saison sèche, son débit baisse sensiblement. - La source est entourée de la végétation, en dessous des pipelines de SEP-CONGO.
07	Puits d'Aqua Kola	- Le forage est installé en pleine cité de Boko. Aucune autre information n'a été obtenue, l'accès n'ayant pas été accordé.
08	Puits de la REGIDESO	- Situés dans la vallée de Loma, 4 puits sont encore opérationnels sur 8 installés. Il s'agit du puits P6, P7, P8 et P3 de profondeur de 115m, 125m, 110m et 118m respectivement.

Source : Auteur, (2024)

4.1.7.3 Analyse Factorielle des Correspondances Multiples (AFCM)

L'AFCM a été réalisée sur les résultats des paramètres bactériologiques des neufs échantillons d'eau sous étude en comparant les résultats obtenus aux directives de l'OMS en ce qui concerne la potabilité de l'eau. Il ressort de la *figure 15* que, les sources W, P et AK répondent aux directives de l'OMS, par contre les sources L et C se rapprochent des directives de l'OMS.

Les autres sources tel que V, K et Q ne répondent pas aux directives de l'OMS.

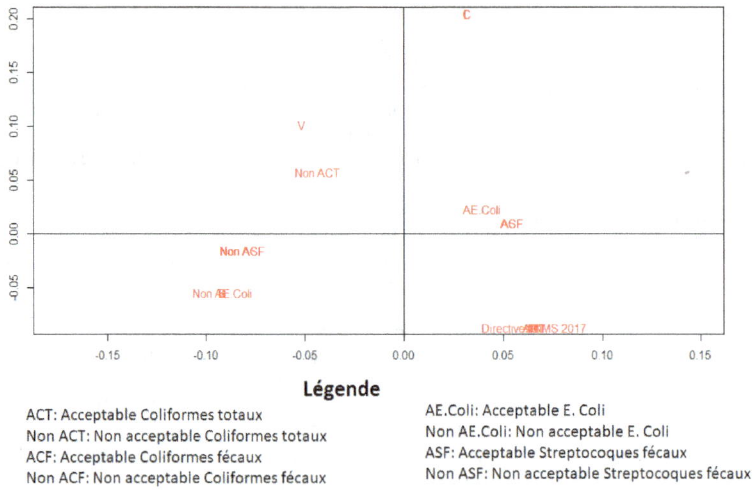

Figure 5 : Projection des sources d'approvisionnement en eau potable AFCM

Légende : W : Robinet REGIDESO Avenue Athénée n°27 ; P : Robinet REGIDESO Garage EX-TP ; L : Puits Avenue Yukula n°50 ; S : Puits Avenue Athénée n°17 ; Q : Puits Avenue Nseka n°30 ; AK : Forage Aqua Kola ; C : Source Tadila ; K : Source Kumbi ; V : Source Nzenze.

4.1.7.4 Evolution de la production d'eau de la REGIDESO à Mbanza-Ngungu de 2015 à 2022

A. Evolution de la production et du besoin en eau des ménages à Mbanza-Ngungu

La consommation moyenne de l'eau de la REGIDESO par habitant est estimée à 5,7 m^3 par année (soit 15,62 litres par jour). Le déficit de la fourniture en eau représente la soustraction de la dotation et la consommation moyenne.

Si nous considérons la dotation de 50 litres/personne/jour pour un accès intermédiaire en eau selon l'OMS, le déficit sera de 50 litres-5,7litres=44,3 litres. Le *tableau 15* donne l'évolution de la demande et l'offre d'eau de la REGIDESO entre 2015 et 2022.

Tableau 15: Evolution de la demande et de l'offre d'eau de la REGIDESO entre 2015 et 2022 à Mbanza-Ngungu

N°	Année	Population	Estimation du besoin en eau/individu/jour[3]	Production d'eau en m^3/an	Eau distribuée (Rdt réseau 60%) en m^3/an	Consommation moyenne en m^3	Déficit en m^3
1	2015	134282	2685640	1535568	921340,80	6,86	-1764299,20
2	2016	138796	2775920	1507932	904759,20	6,52	-1871160,80
3	2017	142385	2847700	1128488	677092,80	4,76	-2170607,20
4	2018	146165	2923300	1380588	828352,80	5,67	-2094947,20
5	2019	151529	3030580	1409035	845421,00	5,58	-2185159,00
6	2020	155818	3116360	1466970	880182,00	5,65	-2236178,00
7	2021	160356	3207120	1377467	826480,20	5,15	-2380639,80
8	2022	165167	3303340	1584136	950481,60	5,75	-2352858,40

Source : Auteur, (2024)

[3] Le besoin a été estimé en fonction de 20 litres/individu et par jour de dotation.

Justifications du déficit :

- Le réseau de distribution d'eau potable ne couvre pas toutes les 12 aires de santé de la ZS de Mbanza-Ngungu ;

La capacité installée de l'usine de la REGIDESO de Mbanza-Ngungu est de 9600 m^3/jour, soit 3504000 m^3/an. Mais à cause des pannes des Groupes motopompes, (4 groupes motopompes au total sur 8 ne sont plus fonctionnels), sa capacité de service est diminuée.

- L'extension de la ville due notamment à l'exode rurale est une autre raison qui contribue à l'accroissement du déficit entre la quantité d'eau commercialisée et le besoin réel alors que les investissements ne suivent pas.

Sur base du *tableau 19*, nous avons mis en relation le déficit de production d'eau par l'usine de la REGIDESO du centre de Mbanza-Ngungu réalisé au cours des années 2015 à 2022. L'évolution constatée est pratiquement linéaire en fonction du temps. Il a paru admissible de représenter Yt=*f*(t) sous la fonction d'une fonction linéaire. La *figure 22* présente la droite de régression du déficit d'eau au centre de la REGIDESO Mbanza-Ngungu entre 2015 et 2022.

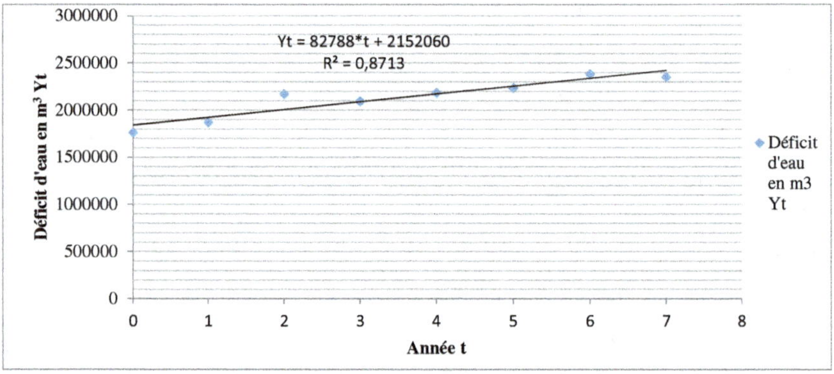

Figure 16 : Droite de régression du déficit d'eau au centre de la REGIDESO Mbanza-Ngungu entre 2015 et 2022

L'application de la méthode des moindres carrés ordinaire a donné le modèle suivant : Yt=82788*t+2152060. Le coefficient de régression indique que le déficit de production d'eau de l'usine de la REGIDESO du centre de Mbanza-Ngungu progresse en moyenne de 82788 m^3 par an. L'ordonnée à l'origine a donné 2152060 m^3 de déficit de production d'eau à l'usine de la REGIDESO du centre de Mbanza-Ngungu théorique à l'origine des temps, soit 2015. Avec r=0,93, R^2=0,87 et p-value=0.0007.

4.1.8 Analyse FFOM du système d'AEP de la REGIDESO à Mbanza-Ngungu

De prime abord, il convient de noter que le simple fait que l'approvisionnement en eau continue de se maintenir dans la zone de santé de Mbanza-Ngungu et ce même malgré les conditions et les infrastructures défavorables, met en avant la volonté et la motivation de la REGIDESO.

Le *tableau 16* présente un diagnostic du système d'AEP de la REGIDESO dans la zone de santé de Mbanza-Ngungu, une analyse FFOM de la situation actuelle.

Tableau 16 : Analyse FFOM du système d'AEP de la REGIDESO à Mbanza-Ngungu

FORCES	FAIBLESSES
- Faible coût d'exploitation à cause de la bonne qualité de l'eau brute (faible consommation d'intrants chimiques : Chlore pour désinfecter et pas d'utilisation de Sulfate d'Alumine pour la coagulation et la floculation) ; - Faible coût d'investissement (pas de filtres, pas de décanteurs, ...) ; - Personnel qualifié et dévoué	- Faible autonomie ou forte dépendance à la Direction Provinciale (Matadi) et de la Direction Générale (Kinshasa). D'où la lenteur dans la prise de certaines décisions urgentes. - Rigidité de la capacité d'extension des équipements de production, de transport et de stockage d'eau (fort taux d'extension de la ville alors que les investissements ne suivent pas) ;
OPPORTUNITES	**MENACES**
- Une forte demande à satisfaire caractérisée par plusieurs catégories des clients ; - Présence d'eau souterraine non polluée (à l'usine de Mbanza-Ngungu, après pompage, In'y a que la désinfection avant le refoulement) ; - Forte pluviométrie à Mbanza-Ngungu ; - Possibilité d'améliorer la desserte en eau, en quantité et en qualité ; - Présence d'eaux alternatives (dont celle des ASUREP qui ne font pas du porte-à-porte quant à leur politique de distribution d'eau et non traitée) et des sources susceptibles de contaminer les usagers (différence de qualité entre l'eau de la REGIDESO et celle des ASUREP, puits et des sources) ; - Système d'exploitation des ASUREP coûteux et hasardeux (éphémères) ;	- Risques de tarissement de la nappe (3 forages sur 8 construits en 1986 sont déjà à sec) ; - Risques de contamination d'eau souterraine par les pollutions agricoles (pesticides et engrais) et humaines par les défécations à l'air libre « DAL » ; - Menace de l'urbanisation, les forages sont entourés par les habitations, le système d'assainissement collectif est inexistant et les eaux de pluie qui ne sont ni collectées, ni traitées ; - Absence d'eau de surface (rivières, lacs et fleuves) ; - Concurrence à la suite de l'abolition du monopole que jouissait la REGIDESO (Présences des ASUREP, les eaux alternatives).

Source : Auteur, (2024)

4.2 Discussion

La discussion tourne autour de trois points : Les résultats descriptifs, les choix des ménages et la qualité de l'eau.

4.2.1. Discussion des résultats descriptifs

A l'issue de cette étude, il s'est révélé que le taux des ménages qui sont raccordés au réseau de distribution de la REGIDESO est de 26%[4]. Le taux trouvé coïncide ou se rapproche avec les chiffres avancés par l'ANAPI (2021), Van den Berg Caroline & Alexander Danilenko, (2017) et Byumanine et *al.* (2018).

Ce taux semble faible mais se justifie du fait de l'accroissement de la population urbaine principalement par l'exode rural, le coût de raccordement et les difficultés financières auxquelles fait face la REGIDESO ne la permettant pas d'étendre son réseau jusque dans les aires de santé péri-urbaines (Lubera, 2022 ; Linangelo et al., 2018 et Kazadi, 2012).

Aussi, par rapport à l'attitude des ménages face à l'eau distribuée par la REGIDESO, la première source d'approvisionnement en eau de boisson des ménages est l'eau vendue en sachet (26,3%) suivie de l'eau des sources aménagées (20,4%) et de l'eau du robinet de la REGIDESO (18,4%). A propos de la source d'approvisionnement d'eau pour des usages autre que la boisson, l'eau de la REGIDESO vient en première position (20,1%) suivie de l'eau des puits aménagés (10%) et des sources aménagées (4,9%). Ces résultats sont similaires à ceux auxquels avaient abouti Byumanine et al., (2018) ; Lweso, (2020) et Bousquet, (2004).

Ces études affirment que certains ménages alimentés par la REGIDESO n'utilisent pas son eau pour l'alimentation aux motifs que son eau n'est pas d'une meilleure qualité organoleptique et serait à la base de certaines maladies comme la fièvre typhoïde, les maux de ventre et l'amibiase, les infections uro-génitales chez certaines femmes, l'irritation de la peau, etc. Ils préfèrent l'utilisée pour le lavage de véhicule, le nettoyage des maisons et toilettes, l'arrosage des jardins, la lessive et vaisselle pour certains ménages, et autres usages. De même, les personnes interviewées à Mbanza-Ngungu n'utilisent pas préférentiellement l'eau de la REGIDESO comme eau de boisson, pour de raisons tel qu'ils la considèrent comme salée, de mauvais goût et impropre à la consommation.

4.2.2. Discussion des choix des ménages

Avant l'analyse des facteurs explicatifs des choix des sources d'approvisionnement en eau potable des ménages, notons que les modèles estimés

[4] Le rapport du Groupe de la Banque mondiale sur les performances des services d'eau en Afrique montre que la REGIDESO ne couvre que 25,69% de la population. Alors que ce taux est 68,44% au Bénin ou 86,71% au Niger.

(*tableaux 8, 9* et *10*) sont adéquats. Car, les coefficients de corrélation (rhô) sont différents de zéro et les tests du rapport de vraisemblance sont significatifs au seuil de 5 %. Cela témoigne de la bonne adéquation du modèle.

A la lecture des résultats de l'ajustement du modèle, le Genre du chef de ménage, le Niveau d'études du chef de ménage, la Profession du chef de ménage, l'appréciation du Prix de l'eau de la REGIDESO et l'appréciation de la Qualité de l'eau de la REGIDESO sont les facteurs qui influent sur les choix des ménages en termes de sources d'approvisionnement en eau (Tibi, 2021 et Ismaïla, 2019). De même l'étude de Yao et al. (2002) qui confirment que le prix explique significativement au seuil de 5% la demande d'eau. Le coût d'accès à l'eau est également un déterminant pertinent du choix d'approvisionnement en eau des ménages. Le prix représenté par le PRE est significatif au seuil de 5%. Le signe négatif du coefficient est également conforme au signe attendu, ce qui respecte la loi de la décroissance de la demande.

L'élasticité prix (-3,133) signifie que toute chose étant égale par ailleurs, le volume d'eau consommée diminue de 3,133% quand le prix augmente de 1%. L'élasticité de la demande de l'eau peut être expliquée par la présence des substituts directs des sources d'approvisionnement. Il a été recensé les eaux des puits, des forages, de pluie, des sources et des ruisseaux qui constituent les eaux alternatives à l'eau du réseau public d'eau potable, en l'occurrence la REGIDESO à Mbanza-Ngungu. Etienne et al. (1998) ont également étudié la demande en eau potable (D.E.P.) des populations d'Afrique subsaharienne à faible revenu. Ils ont constaté qu'une augmentation du prix de 100 FCFA du m^3 d'eau fait diminuer la consommation à 2,5 litres/pers/jour (Desaigues & Point, 1993). C'est aussi pour ça que de nombreux ménages achètent l'eau chez le voisin ou s'associent autour d'un même robinet. Ceci a pour conséquence d'augmenter la consommation du branchement et donc du prix moyen unitaire de l'eau puisque les ménages se retrouvent hors de la tranche subventionnée.

La profession et le genre du chef du ménage constituent également des facteurs qui réduisent la probabilité de choisir la REGIDESO en tant que source d'approvisionnement en eau potable. Les élasticités respectives du genre et de la profession du chef de ménage sont de -0,544 et -0,766. Ce qui suppose que plus les ménages seront dirigés par des femmes ou des fonctionnaires de l'Etat, la probabilité de choisir l'eau de la REGIDESO en tant que source d'approvisionnement en eau baissera. Cela se justifie du fait que les femmes qui dirigent les ménages peuvent avoir une situation professionnelle assez difficile, niveau de revenu faible, couplé aux charges familiales. Ces charges sont énormes si celles-ci sont des divorcées ou veuves avec enfants en charge. A propos de la profession, Mbanza-Ngungu est une ville foncièrement administrative. Le secteur privé n'est pas développé. Le grand employeur est l'Etat congolais, dans l'armée, l'administration, l'éducation, … secteur caractérisé par de faibles revenus et irréguliers. Une grande majorité de la population évolue dans le secteur informel ou l'agriculture où les revenus sont hasardeux. Ces résultats prouvent qu'il y a un lien direct entre la profession et le genre du chef du ménage et le choix d'une source d'approvisionnement d'eau. Les résultats similaires avaient été trouvés par Ake-Awomon (2022) et Coutard, (1999).

En outre, la perception sur la qualité de la source d'eau utilisée est susceptible d'influencer le choix d'approvisionnement du ménage. Le constat fait était que si le ménage perçoit l'eau de la REGIDESO comme une source de bonne qualité, cela n'a pas d'effet sur sa probabilité à recourir aux eaux alternatives, mais agit de façon positive et très significative sur la décision de s'approvisionner en eaux alternatives. Pareillement, si les ménages estiment que les sources d'eaux alternatives sont de bonne qualité, ils ont recours non seulement à l'eau de la REGIDESO, mais aussi aux eaux alternatives à cause de la diversité des usages qu'ils en font. De ces résultats, il s'ensuit que la perception sur la qualité de la source d'eau a un pouvoir explicatif sur la décision du ménage (Tibi, 2021 ; Boudjemaa & Cherrad, 2011 ; Montginoul & Waechter, 2007).

La perception sur la qualité d'un bien reste subjective et est aussi liée à des variables culturelles. Certains ménages ont une forte préférence pour l'eau prélevée des puits et sources parce qu'ils estiment que cette eau est de bon goût. C'est aussi une façon pour eux de perpétuer les habitudes léguées (Omarova et al., 2019) par les générations précédentes. Dans cette dynamique, le recours à des sources d'eaux alternatives est souvent élevé du fait des erreurs d'appréciation, conduisant à des risques sanitaires importants.

Le fait que le chef de ménage soit instruit augmente la probabilité de recourir davantage à l'eau de la REGIDESO. La littérature a démontré que la probabilité d'être connecté au réseau de distribution d'eau de la REGIDESO augmente avec le niveau d'instruction, et cela pour plusieurs raisons. Dans certains cas, le revenu peut augmenter avec le niveau d'instruction.

Par ailleurs, le fait de ne savoir ni lire ni écrire limite les opportunités d'accès à l'information. Un faible niveau d'instruction limite la compréhension des enjeux liés au fait de disposer de l'eau potable chez soi : intérêt sanitaire, facilité de collecte, disponibilité constante et gain en termes de temps. Le niveau d'instruction est généralement associé à une forte valorisation des nombreux avantages tirés de la consommation d'une eau potable (Johri et al., 2019 ; Briand & Loyal, 2017). Cette propension du ménage à aller vers les sources d'eau potable est en phase avec les conclusions des travaux de certains auteurs (Sehreen et al., 2019 ; Kaiyatsa et al., 2016 ; Ismaïla, 2019 ; Morakinyo et al., 2015) qui indiquent une relation positive entre le niveau de scolarité du chef de ménage et la probabilité d'avoir accès à des sources d'eau potable. Du point de vue des caractéristiques sociodémographiques, le niveau d'instruction du chef de ménage constitue l'une des caractéristiques essentielles du ménage en matière d'approvisionnement en eau.

En effet, un ménage dont le chef est instruit, a une meilleure compréhension des bénéfices rattachés à une eau de qualité et adopte souvent des comportements sanitaires et d'hygiène appropriés (Sehreen et al., 2019 ; Sintondji et al., 2017 ; Morakinyo et al., 2015). L'instruction joue donc un rôle déterminant et positif dans le choix des ménages. Toutefois, il arrive parfois que le ménage puisse recourir aux deux types de sources d'approvisionnement d'eau indépendamment des conséquences.

4.2.3. Discussion de la qualité de l'eau

Rappelons-le que, sur les 17 paramètres physico-chimiques analysés, 12 ont présenté des valeurs conformes aux directives de l'OMS. Ainsi, les paramètres concernés sont : l'indice permanganate, la conductivité, les TDS, le TA, le TAC, la dureté, les chlorures, les nitrates, les nitrites, les phosphates, le chlore résiduel et les sulfates. (Shima et al., 2020 ; EU, 2006 ; Atibu et al, 2013, Mampuya et al., 2024 et OMS, 2000).

A l'opposé, la turbidité, la couleur, la température, le pH et le Fer total constituent les paramètres analysés soit 5 sur les 17 dont les valeurs trouvées ne sont pas conformes aux directives de l'OMS avec des grandes différences entre les échantillons. Nous pensons que la non-conformité des valeurs de ces paramètres pourrait avoir été influencée par la saison sèche, pendant laquelle les prélèvement d'échantillons d'eau avaient été effectués et la géochimie du sol de Mbanza-Ngungu, particulièrement pour le fer total (Sekalo et al., 2020 et OMS, 2017).

Sur le plan bactériologique, les résultats de l'étude ont révélé que la plupart des eaux de sources et de puits ne sont pas conformes aux directives de l'OMS (Linangelo et al., 2018 ; Lubera, 2022, OMS, 2017 et Wanga et al., 2015).

Il n'est pas étonnant que les valeurs de ces paramètres soient conformes aux directives par manque de rejet d'eaux usées industrielles ou exploitation minières dans la contrée, l'utilisation des produits phytosanitaires étant très limitée. Sur le plan bactériologique, les eaux alternatives font courir des risques à leurs consommateurs en dehors de l'eau d'Aqua Kola.

Ces eaux sont porteuses d'indicateurs de contamination fécale pour la plupart, les coliformes fécaux, dont les *E. Coli.* D'où la nécessité de traiter ces eaux avant toute consommation. En fait, les points de captage d'eau potable, puits, sources ou autres, doivent être aménagés de façon à éviter toute sorte de pollution notamment par les eaux de ruissellement. Car, ces sources et puits sont très souvent entourés des habitations, sans périmètre de protection (Iungbi et al., 2023 ; Mukeba, 2022, Malenga, 2020, Vuvu, 2021, OMS, 2011, et Feukem et al., 2020).

CHAPITRE CINQUIEME : CONCLUSION GENERALE

5.1. Conclusion générale

L'accès à l'eau potable, à l'assainissement et à l'hygiène est un droit fondamental de l'homme. Pourtant, des milliards de personnes, en particulier dans les pays en développement comme la République Démocratique du Congo, rencontrent encore d'énormes difficultés pour accéder à ces services essentiels. Le retard d'investissement dans le secteur de l'eau contribue à cette situation, expliquant le recours croissant aux sources alternatives, souvent risquées.

Cette recherche, intitulée *« La quête de l'eau en République Démocratique du Congo : Facteurs influençant le choix des sources d'approvisionnement en eau potable des ménages »*, avait pour objectif d'identifier les déterminants limitant l'accès à l'eau potable et d'évaluer la qualité des différentes sources d'approvisionnement utilisées par les ménages.

L'étude s'est appuyée sur une enquête auprès de 817 ménages ainsi que sur l'analyse physico-chimique et bactériologique de neuf échantillons d'eau, prélevés sur différents sites. Trois hypothèses guidaient le travail :

1. La proportion des ménages ayant accès à l'eau de la REGIDESO est faible (inférieure à 50 %).
2. Les caractéristiques socio-économiques du chef de ménage (genre, profession, niveau d'instruction), ainsi que le prix et la qualité de l'eau de la REGIDESO, influencent significativement le choix de cette source.
3. Les sources d'approvisionnement (REGIDESO, puits, sources, forages) ne sont pas toutes conformes aux directives de l'OMS.

- **Accès limité à l'eau de la REGIDESO** : seuls 26 % des ménages y ont accès, confirmant la première hypothèse. Les obstacles relevés sont l'absence de réseau dans certains quartiers, les ruptures fréquentes, la perception d'une eau impropre (salée ou de mauvaise qualité) et le coût élevé de raccordement. Ces insuffisances poussent les ménages vers les eaux alternatives, malgré les risques sanitaires qu'elles représentent.
- **Déterminants socio-économiques** : les analyses statistiques confirment la deuxième hypothèse. Le genre et la profession du chef de ménage, ainsi que le prix de l'eau, réduisent la probabilité de choisir la REGIDESO, tandis que le

niveau d'instruction et la qualité de l'eau l'augmentent. Ces résultats soulignent l'importance de politiques ciblées, sensibles aux inégalités sociales et régionales.
- **Qualité des eaux** : sur 17 paramètres physico-chimiques étudiés, 12 étaient conformes aux normes de l'OMS. Cependant, la turbidité, la couleur, la température, le pH et le fer total ont révélé des non-conformités variables selon les échantillons. Concernant la bactériologie, des contaminations par **E. coli** ont été détectées dans certains puits et sources non aménagés, confirmant partiellement la troisième hypothèse.

Cette étude a montré que l'accès à l'eau potable demeure très limité, surtout en milieu rural, et que la gestion des sources alternatives pose de sérieux défis sanitaires et organisationnels. Les résultats mettent en évidence :

- La nécessité d'étendre et fiabiliser le réseau de distribution de la REGIDESO,
- L'importance de sensibiliser et d'éduquer les populations sur les risques liés aux pratiques alternatives,
- L'intérêt de promouvoir des solutions communautaires comme les bornes-fontaines publiques et les forages collectifs, en attendant des investissements structurels à long terme.

Enfin, l'application des principes de la **Gestion Intégrée des Ressources en Eau (GIRE)** apparaît comme une voie essentielle pour garantir la durabilité de l'approvisionnement en eau potable dans la zone de santé de Mbanza-Ngungu et, plus largement, en RDC.

5.2. Recommandations

✓ **Provisoires**

- Bouillir puis filtrer l'eau de boisson en cas de doute pour éviter les maladies hydriques.
- Sensibiliser la population aux techniques de traitement de l'eau à domicile.
- Suivre les directives données par les autorités politico-administratives et sanitaires.

✓ **Recommandations Structurelles**

- Faire appliquer la loi relative à l'eau.
- Faire appliquer la norme sur l'eau potable en RDC (si elle existe).
- Étendre le réseau de distribution de la REGIDESO avec branchements particuliers et publics (bornes fontaines).

- Renforcer les capacités de suivi permanent de la qualité physico-chimique et bactériologique de l'eau produite et distribuée.
- Réaliser des contre-expertises des analyses d'eau faites par les entreprises du secteur.
- Exiger la publication des résultats d'analyses des entreprises productrices et distributrices d'eau potable.
- Appuyer l'aménagement des sources et puits qui ne répondent plus aux normes.

✓ **Court Terme**

- Installer ou redynamiser le service de suivi de la qualité de l'eau potable dans la zone de santé de Mbanza-Ngungu.
- Étendre dans les ETD les services du CNAEHA.
- Protéger correctement les sources et puits d'eau.
- Poursuivre les branchements sociaux pour réduire le coût initial de raccordement.

✓ **Moyen Terme**

- Continuer la sensibilisation sur les bonnes pratiques de gestion et de traitement de l'eau.
- Mettre en place un monitoring systématique des sources et puits.
- Renforcer le financement du secteur de l'eau pour améliorer l'accès à l'eau potable.

✓ **Long Terme**

- Intensifier les investissements pour atteindre l'ODD 6 (d'ici 2030, au moins 80 % de la population ayant accès à l'eau potable).
- Augmenter durablement la capacité de production et le rendement du réseau de distribution de la REGIDESO.

5.3. Suggestion des recherches futures

Poursuivre la recherche scientifique sur :

- Les métaux et autres paramètres de potabilité de l'eau.
- L'impact de la libéralisation du secteur sur l'accès à l'eau potable et la part de marché de la REGIDESO.
- Les relations entre urbanisation, investissement et accès à l'eau potable en RDC.

REFERENCES BIBLIOGRAPHIQUES

Abubakar, I. R. (2016). *Dimensions de la qualité des services publics d'eau à Abuja*, Nigeria. Util. Pol. 38, 43-51.

Abubakar, I. R. (2018a). *Explorer les déterminants de la défécation à l'air libre au Nigéria à l'aide de données d'enquêtes démographiques et sanitaires*. Sci. Environ. Total. 637-638, 1455-1465.

Ake-Awomon, (2022). *Etudes des facteurs influençant l'accès a l'eau potable dans la commune d'Abobo (Abidjan-Cote d'Ivoire)*, Editions Francophones Universitaires d'Afrique (EFUA), pp. 11-31.

Allan, T. (2011). *Virtual water, tackling the treat to our planet's most precious resource*, London: Tauris

American Water Works Association (1994). Dual water systems, Rap. n°M24, Denver, USA, 89 p.

ANAPI, (2021). *Investir dans le sous-secteur de l'eau*, Cahier Sectoriel, MÉDIASPAUL, Kinshasa.

Appan, A. (1999). *A dual-mode system for harnessing roofwater for non-potable uses*, Urban Water, vol. 1, n° 4, p. 317-321.

Aquastat, (2000). *Food and Agriculture Organization*, http://www.fao.org/nr/water/aquastat/water_use/index.stm, consulté le 12/09/2023.

Atibu, E. K., Devarajan N., Thevenon F., Mwanamoki P. M., Tshibanda J. B., Mpiana P. T., Prabakar K., Mubedi J. I., Walter Wildi, Poté J., (2013). *Concentration of metals in surface water and sediment of Luilu and Musonoie Rivers, Kolwezi - Katanga, Democratic Republic of Congo*. Appl. Geochem. 39 : 26–32

Banque Mondiale, (2012). *Le futur de l'eau dans les villes africaines : Vue d'ensemble*. Public Disclosure Authorized, Paris, p.13.

Bewick, V., Cheek, L. and Ball J., (2005). *Statistics Review 14: Logistic Regression*. Critical Care, 9, 112-118.

Beyaert, M. (2002). *Eaux pluviales : gisement – utilisation, in Journée – débat sur la récupération – réutilisation des eaux pluviales : réaliser des économies financières, mais à quel prix ?* éd. ADOPTA, Gayant Expo Douai.

Beyene, A. & Luwesi C. N., (2018). *Innovetive water finance for Africa* – Vol,

Uppsala: Nordic Africa Institute Univesrity of Uppsala (www.nai.uu)

Boudjemaa, S. et Cherrad, S. E., (2011). *Les ressources en eau dans la wilaya de Mila : mobilisation, consommation et comportement de ménages*, Sciences & Technologie D – N°34, pp. 19-25.

Bousquet, A. (2004). *Desserte collective des quartiers pauvres en Zambie, un long apprentissage*, Dans Flux 2004/2 (n° 56-57), pages 71 à 86, ISSN 1154-2721DOI 10.3917/flux.056.0071

Briand, A. et Loyal A. (2017). *La demande pour des services urbains d'eau potable : une analyse du consentement à payer des ménages bamakois et de quartiers précaires de Ouagadougou.* Revue d'économie régionale & urbaine, n°1, janvier, pp. 33-66.

Butler, D. (1999). *Guest editorial*, Urban Water, vol. 1, n° 4, p. 273.

Byumanine, M. et al. (2018). *Evaluation de l'acceptabilité de l'eau produite par la REGIDESO à la station de pompage de Nguba*, International Journal of Innovation and Scientific Research ISSN 2351-8014, Vol. 40 N°1, Déc., 2018, pp. 202-218 http://www.ijisr.issr-journals.org/

Centre d'études stratégiques internationales Center for Strategic and International Studies. (2005).

Chilton, J.-C., Maidment, G.-G., Marriott, D., Francis, A., Tobias, G., (1999). *Case study of a rainwater recovery system in a commercial building with a large roof*, Urban Water, vol. 1, n° 4, p. 345-354.

Chishugi, J. B. and Xu, Y., (2010). *Water Supply and Sanitation in the Democratic Republic of the Congo*. In: Xu and Braune (eds.) Sustainable groundwater resources in Africa: water supply and sanitation environment. Boca Raton, CRC.

CICOS (Version provisoire 2, Juin 2007), Gestion durable des ressources en eau du bassin du Congo, Partie I : Présentation du bassin du Congo

Clément, M. et al. (1999). *Étude de la qualité des conditions d'utilisation de l'eau de puits en milieu rural et semi-rural*, École Nationale de la Santé Publique – Unité de physico-chimie, Rennes.

Codur, A-M. et al. (2015). *L'Économie et la Politique de l'Eau*, Global Development And Environment Institute Tufts University Medford, MA 02155, 53 pages.

Commission Economique des Nations pour l'Afrique, CENUA, (2017). L'industrialisation et l'urbanisation au service de la transformation de l'Afrique, Addis-Abeba, NU, 213 pages.

Coutard, O. (1999). *L'accès des ménages à faible revenu aux services d'eau et d'énergie en France et en Grande-Bretagne*. In:Flux, n°36-37, 1999. pp. 7-15; doi : https://doi.org/10.3406/flux.1999.1271

Crettaz, P., Jolliet, O., Cuanillon, J.-M., Orlando, S., (1998). *Eau potable et usage d'eau pluviale – Analyse du cycle de vie*, GWA, vol. 11, p. 891-895.

Dalhuisen, J.-M., DE Groot, H.-L.-F., Nijkamp, P., (2001). *Thematic report on the economics of water in Metropolitan areas*, ESI, Vrije Universiteit Amsterdam, The Netherlands, 56 p.

David, V. (2017). *Traitement de données en sciences environnementales*, ISTE Editions LTD, Londres, 177 pages.

David, V. (2017). *Traitement des données en sciences environnementales*, éd. ISTE, London, 177 pages.

DDASS Charente, (2001). *L'eau des puits, sources, fontaines, Service Santé-Environnement*, Angoulême, 13 p.

Desaigues, B. & Point P. (1993). *Economie du patrimoine naturel : la valorisation des actifs du patrimoine naturel*, Economica.

Ditona, H. et al. (2020). *Acceptabilité sociale d'un système décentralisé d'approvisionnement en eau potable : le cas d'étude des Associations d'Usagers de Réseaux d'Eau Potable (ASUREP) à Kinshasa, République Démocratique du Congo*, in Journal International Sciences et Technique de l'Eau et de l'Environnement, Vol. (v), No. 2, December 2020, 9-19

Etienne, J., Maïga A., et Morel à l'huissier A. (1998). *Aspects socio-économiques de la demande en eau domestique en Afrique subsaharienne : quelles leçons pour la gestion de l'eau ?* communication UNESCO, juin 1998.

European Union (EU). (2006). *European Directive 2006/7/CE of the European Parliament and of the Council of 15 February 2006 concerning the management of bathing water quality and repealing Directive 76/160/EEC.*

Fonds des Nations Unies pour l'Alimentation et l'Agriculture (FAO) AQUASTAT. (2005). *Profil de Pays – République démocratique du Congo*. Organisation des Nations Unies pour l'alimentation et l'agriculture. Rome, Italie

Feukem, T. A. et al. (2020). *Gouvernance de l'eau et maladies hydriques dans les campagnes des Hautes Terres de l'Ouest Cameroun : Analyse à partir du cas du village Bangoua*, in European Scientific Journal, edition Vol.16, No.17, pp. 1857- 7881.

Fewkes, A. (1999). *Modelling the performance of rainwater collection systems: towards a generalised approach*, Urban Water, vol. 1, n° 4, p. 3.

Garin, P., Montginoul, M. & Ruf, T. (2002). *Intégration du multi-usages de l'eau dans les périmètres irrigués méditerranéens, in Irrigation water policies : micro and macro considérations*, éd. Banque Mondiale, vol. 1, Agadir, Morocco, p. 105-117.

Gazzeh, K. & Abubakar, I. R. (2018). *Disparité régionale dans l'accès aux services publics de base en Arabie Saoudite : un défi de durabilité*. Util. Pol. 52, 70-80.

Giancristofaro, R. A. & Salmaso, L. (2007). *Model Performance Analysis and Model Validation in Logistic Regression*. Statistica, 63, 375-396.

Harrell, F. E., Lee, K.L. & Mark, D.B. (1996). *Multivariable Prognostic Models: Issues in Developing Models, Evaluating Assumptions and Adequacy, and Measuring and Reducing Errors*. Statistics in Medicine, 15, 361-387. https://doi.org/10.1002/(SICI)1097-0258(19960229)15:43.0.CO; 2-4, consulté le 02/05/2023

Herrmann, T. & Schmida, U. (1999). *Rainwater utilisation in Germany: efficiency, dimensioning, hydraulic and environmental aspects*, Urban Water, vol. 1, n° 4, p. 307- 3.

Hewitt, J. A. & Hanemann, W. M., (1995). *A Discrete/Continuous Choice Approach to Residential Water Demand under Block Rate Pricing*, Land Economics, 71 (2), p. 173-192.

Hoekstra, A. Y. &. Hung, P. Q. (2002). *Virtual water trade: A quantification of virtual water flows between nations in relation to international crop trade*. Value of Water Research Report Series No. 11, UNESCO-IHE, Delft.

Hosmer, D.W. & Lemeshow, S. (2000). *Applied Logistic Regression*. 2nd Edition, Wiley, New York. https://doi.org/10.1002/0471722146https://onlinelibrary.wiley.com/doi/book/10.1002/0471722146, consulté le 12/06/2023

Howe, C. W. (1982). *Impact of price residential water demand: new insights*, Water Resources Research 18, 713-716.

http://smeg-cmr.com/les-09-puissances-de-leau/, consulté le 20/05/2023

http://wikiwater.fr/b1-le-prix-de-l-eau-sa.html, consulté le 23/12/2023

http://www.un.org/sustainabledevelopment/fr, consulté le 06/04/2023

Radio Okapi. (2020, 22 mars). *Journée mondiale de l'eau : allocution du Ministre des Ressources hydrauliques.* https://www.radiookapi.net/..., consulté le 06/04/2023.

i0201f06.pdf (fao.org), consulté le 10/09/2023.

Institut National de Statistique (INS). (2021). *Annuaire statistique RDC 2020*, Kinshasa, Mars 2021, 433 pages.

Ismaïla, (2019). *Facteurs influençant l'accès des ménages à l'eau potable au Nigeria*, in ELSEVIER, Politique sur les services publics 58, pp. 40-51.

Iungbi, N., Iungbi, L.,, Mbileni, J., Nagwago, S. & Bola A. (2023). « Qualité des eaux des sources utilisées pour la consommation et usages ménagères dans la ville de Kisangani. Cas des eaux des sources de la commune Makiso », in IJRDO - Journal of Applied Science, Volume 9, Issue 7, pp. 14-26.

Jaglin, S., Coing, H., Conan, H., Etienne, J., Morel à l'huissier A. et Tamiatto M. (1998). *Pour une gestion durable des systèmes d'approvisionnement en eau potable dans les petits centres et villes d'Afrique, communication à la conférence internationale eau et développement durable*, UNESCO Paris, 19, 20 et 21 mars 1998.

Jefferson, B. (1999). Technologies for domestic wastewater recycling, Urban Water, vol. 1, n° 4, p. 285-292.

Johri, M., Sylvestre, M.-P., Kone, G. K., Chandra, D., Subramanian, S. V. (2019). *Effects of improved drinking water quality on early childhood growth* in rural Uttar Pradesh, India: A propensity score analysis. Plos One, vol.14, n°1, e0209054, https://doi.org/10.1371/journal.pone.0209054, consulté le 05/05/2023

Journal Officiel de la RDC. (2016), *Loi n° 15/026 du 31 décembre 2015 relative à l'eau*, Numéro spécial, Kinshasa

Jridi, A. (2002). *Étude de la problématique et des enjeux des doubles réseaux*, LanguedocRoussillon, BRL Ingénierie, Nîmes, 67.

Kaiser, H. F. (1960). *The application of electronic computers to factor analysis.* Educational and Psychological Measurement, 20, 141-151.

Kaiyatsa, S., Mapemba L. & Tembo G. (2016). *Households' Choice of Drinking Water Sources in Malawi. Conference presentation*, 12th Meeting of the International Water Resource Economics Consortium, The World Bank, Washington, DC September 11-13, pp. 1-15.

Kamtchueng, B. T., Fantong, W. Y., Wirmven, M. J., Tiodjia, R. E, Takounjou, A. F.,

Jules, R., Ngoupuyou N., Kusakabe M., Zhang J., Ohba T., Tanyileke G., Hell J. V. & Ueda, A. (2016). *Hydrogeochemistry and quality of surface water and groundwater in the vicinity of lake monoun, west Cameroon: approach from multivariate statistical analysis and stable isotopic characterization*. Environ Monit Asses, 188: 524 :24. DOI: 10.1007/s10661-016-5514-x

Karimi, H., Raeisi E. & Bakalowicz M. (2004). *Characterising the main karst aquifers of the alvand basin, northwest of zagros, Iran, by a hydrogeochemical approach.* Hydrogeology journal, 13 : 787-799. DOI : 10.1007/s10040-0004-0350-4

Kazadi, M. A. Z. (2012). *Contribution à l'étude de la qualité et de la gestion de l'eau de boisson dans la région de Kisangani*, Thèse inédite Faculté des Sciences, UNIKIS, 243p.

Kibayu, M. (2008). *La typologie des quartiers dans l'histoire du développement de Léopoldville-Kinshasa en République Démocratique du Congo*, p 70.

Kiyombo, G. (2011). *Cours de Santé Publique*, Faculté de Médecine, Université de Kinshasa, Année académique 2010 - 2011, 155 pages.

Kizungu, V. R. (2022). *Analyses statistiques avec le logiciel R*, Notes de cours, 1ère année du Programme International de Master en Eau, Université de Kinshasa, 118 pages.

Lafaye de Micheaux, P., Drouilhet, R & Liquet B. (2014). Le logiciel R, Maitriser le langage, Effectuer des analyses (bio)statistiques, Springer, 2ème Ed., Paris, 701 pages.

Lavoie, L. & Dillon, P. J. (2006). *A diaton-based index for the biological assessment of eastern Canadia rivers: an application of correspondance analysis* (CA). Canadian journal of fisheries and aquatic sciences, 8 : 1793-1811. DOI : 10.1139/F06-086

Le Coz, C. (1998). Valorisation des fonctions de l'eau. Application à l'eau domestique sur le bassin versant de la rivière Yerres, Thèse de doctorat en sciences de l'environnement, ENGREF, Paris, 338 p.

Le Pol, J., Thomas, J.-S., Naudin, F., Phan, L. & Gillet, S. (2000). *Recyclage des eaux pluviales : l'expérience opérationnelle de Maubeuge construction automobile*, in Actes des Journées Information Eau, vol. 2, Apten, Poitiers, p. 51.1-51.10.

Lee, J. & Mannering, F. (2002). *Impact of Roadside Features on the Frequency and Severity of Run-Off-Roadway Accidents: An Empirical Analysis.* Accident

Analysis & Prevention, 34, 149-161. https://doi.org/10.1016/S0001-4575(01)00009-4, consulté le 04/05/2023

Limam, A. (2002). *La tarification de l'eau potable : outil de gestion de la demande en eau. Le cas tunisien, in Avancées de la gestion de la demande en eau en méditerranée*, éd. Plan Bleu, Rome, p. 18.

Linangelo, S. B. et al., *2018, Problématique d'accès a l'eau potable en milieu rural en RDC : cas de la ville urbano-rurale de Bumba, in International Journal of Innovation and Scientific Research, Vol. 37 No. 2 Jul. 2018, pp. 130-138*

Loughead, V.L., Crosbie, B. & Chow-Fraser, P. (2001). *Primary determinants of macrophyte community structure in 62 marshes across the great lakes basin: latitude, land use, and water quality effects.* Canadian journal of fisheries and aquatic sciences, 58 : 1603-1612. DOI : 10.1139/cjfas-58-8-1603

Lubera, J. F. (2022). *Analyse des défis pour l'approvisionnement en eau potable dans les manages de la Ville d'Uvira*, Multidisciplinary Research Academic Journal (MDRAJ), Vol 7. Issue 2, December 2022, 109-118.

Lututala, M. B. (2022). *Méthodes et processus de recherche en sciences sociales*, PUK, 173 pages.

Lweso, (2020). *Impact socio-sanitaire du manque de l'eau de la REGIDESO dans la commune de Kadutu*, International Journal of Innovation and Scientific Research, Vol. 50 No. 2 Sep. 2020, pp. 166-179.

Malenga, M. C. (2020). *Evaluation de l'efficacité de la technique mixte ébullition/filtration (à l'aide du filtre Super Water) de traitement de l'eau*, Mémoire de Licence/ISP Mbanza-Ngungu, Département de Chimie, Année Académique 2019- 2020, 106 pages, Inédit.

Mampuya, A., Bakwita P., Mbaya M., Kandala, D. Muamba & Kizungu, R. (2024). Multidimensional analysis of developed water sources in the health zone of Lukula in the Democratic Republic of the Congo, IJNRD, Volume 9, Issue 4 April 2024| ISSN: 2456-4184 | IJNRD.ORG.

Meij, S., Ruiters, C. & Stumphius, J., (2005). *Market-driven pricing structures for drinking water, in International Conference on Water*, Economics, Statistics and Finance, ed. TSAGARAKIS K.-P., vol. 1, International Water Association, and the Department of Economics – University of Crete, Rethymno, Greece, p. 599-606. https://doi.org/10.2166/ws.2005.0068

Mérimé, N. R. (2023). *Notes de cours de Modélisation hydrologique, Module dispensé en Deuxième année de Master à l'Ecole Régionale de l'Eau à l'Université de Kinshasa*, 47 pages, Inédit.

Miquel, G., Deutsch, J.-C., Meybeck, M., Montiel, A. & Vasel, J.-L. (2004). *La qualité des eaux souterraines : l'échec des réglementations*, La Gazette des Communes, vol. 30, p. 209-214.

Möhle, K.-A. (1980). *Theorie und Praxis Doppelter Wasserversorgungsnetze*, Wasser und Boden, vol. 32, n° 10, p. 442-451.

Montginoul, M. & Rinaudo, J.-D. (2003). *Impact de la tarification sur les stratégies de consommation et d'approvisionnement en eau des ménages*, La Houille Blanche, vol. 3, p. 107-111.

Montginoul, M. & Waechter, V. (2007). *Les ménages et l'eau du robinet : perceptions et pratiques dans une communauté urbaine.* Ingénieries eau-agriculture-territoires, Vol. 51, p. 33 - p. 46.

Montginoul, M. (2005). *Quels instruments pour gérer les prélèvements diffus ? Examen à partir du projet de loi sur l'eau 2005 et d'enquêtes conduites dans la plaine du Roussillon*, 75 p.

Montginoul, M. (2006). *Les eaux alternatives à l'eau du réseau d'eau potable pour les ménages : un état des lieux.* Ingénieries eau-agriculture-territoires, Lavoisier ; IRSTEA ; CEMAGREF, p. 49 - p. 62. Ffhal-00601203.

Morakinyo, O. M., Adebowale S. A., Oloruntoba E. O. (2015). *Wealth status and sex differential of household head: implication for source of drinking water in Nigeria.* Archives of Public Health, vol. 73, n° 1, p. 58.

Morel, A. (1990). *Economie de la distribution d'eau aux populations urbaines à faible revenu dans les pays en développement*, Thèse de Doctorat, p.472, Inédite

Mukeba, B. F. & al. (2022). *Approvisionnement et évaluation de la qualité des eaux souterraines de Selembao et Kimbanseke*, in RECOSH, pp. 1-18.

Nations Unies. (2015). *Rapport 2015 sur les objectifs du Millénaire pour le développement.* Nations Unies, New York

Nauges, C. & Reynaud A. (2001). Estimation de la demande domestique d'eau potable en France, in Revue Economique, 2001/1, Vol.52, p. 167-185.

Niemczynowicz, J. (1999). *Urban hydrology and water management–present and future challenges*, Urban Water, vol. 1, n° 1, p. 1-14.

Nile IWRM-Net. (2007). *Capacity Building Actions in Groundwater Management Issues as an Aspect of IWRM for the Nile Region.* Short term Consultancy

Report.

Nolde, E. (1999). Greywater reuse systems for toilet flushing in multi-storey buildings-over ten years' experience in Berlin, Urban Water, vol. 1, n° 4, p. 275-284.

Okun, D.-A. (2001). *Keynotes address: water reuse introduces the need to integrate both water supply and wastewater management at local and regulatory levels*, in IWA, Berlin, p. 8.

Omarova, A., Tussupova K., Hjorth P., Kalishev M. & Dosmagambetova R. (2019). *Water Supply Challenges in Rural Areas: A Case Study from Central Kazakhstan. International Journal of Environmental Research and Public Health,* vol. 16, n° 66, pp. 1-14.

Organisation Mondiale de la Santé (OMS) & Fonds des Nations Unies pour l'Enfance (UNICEF). (2015). Joint Monitoring Programme (WHO & UNICEF) (Programme conjoint de surveillance de l'approvisionnement en eau et de l'assainissement coordonné par l'UNICEF et l'OMS), *Rapport annuel* 2018, p.20

Organisation Mondiale de la Santé OMS & Fonds des Nations Unies pour l'Enfance (UNICEF) (WHO & UNICEF). (2015). *Progrès en matière d'assainissement et d'eau potable – Mise à jour 2015 et évaluation des OMD.* Données de catalogage avant publication de la Bibliothèque de l'OMS, Genève, Suisse.

Organisation Mondiale de la Santé (OMS) & Fonds des Nations Unies pour l'Enfance (UNICEF). (2022). *Estimations 2022*, www.inegalites.fr, consulté le 25/05/2023.

Organisation Mondiale de la Santé (OMS). (2000). *Directives des qualités pour l'eau de boisson, Volume II-critères d'hygiènes et documentation à l'appui.* 2ème édition, www.who.int/water_sanitation _health/GDWQ/Summary_tables. 13/07/2013.

Organisation Mondiale de la Santé (OMS). (2011). *Directives de qualité pour l'eau de boisson.* 4ème édition. Publication organisation mondiale de la santé. Genève, suisse. p.307.

Organisation Mondiale de la Santé (OMS). (2017). *Directives de qualité pour l'eau de boisson* : 4e éd. Intégrant le premier additif, Genève, 564 pages.

Organisation Mondiale de la Santé (OMS). (2017). *Directives de qualité pour l'eau de boisson :* 2ème édition Recommandations, Génève, 216 pages.

Organisation Mondiale de la Santé (OMS). (2023). www.who.int, consulté le 23/11/2023

Organisation des Nations Unies pour l'Alimentation et l'Agriculture (FAO). (2012)

Orszagh, J. (2001). *Pour une gestion durable de l'eau*, Science Frontières magazine, vol. 63.

Park, H. A. (2013). *An Introduction to Logistic Regression: From Basic Concepts to Interpretation with Particular Attention to Nursing Domain.* Journal of Korean Academy of Nursing, 43, 154-164. https://doi.org/10.4040/jkan.2013.43.2.15, consulté le 15/05/2023

Partow, H. (2011). *Water issues in the Democratic Republic of Congo: Challenges and Opportunities.* United Nations Environment Programme Technical Report.

Programme des Nation Unies pour l'Environnement (PNUE). (2011). *Problématique de l'Eau en République Démocratique du Congo Défis et Opportunités*, Rapport Technique, PNUE, Nairobi, Kenya, p. 98

Point, P. (1993). *Partage de la ressource en eau et demande d'alimentation en eau potable*, revue économique, n° 4 849-862, juillet 1993.

Programme mondial de l'Unesco pour l'évaluation des ressources en eau (WWAP). (2019). *Ne laisser personne pour compte. Rapport mondial des Nations unies sur la mise en valeur des ressources en eau 2019*, Paris, Organisation mondiale pour l'éducation, la science et la culture (Unesco). En ligne, consulté le24/01/2024 à 10H05:https://fr.unesco.org/water-security/wwap/wwdr/2019, consulté le 01/05/2023

Province du Bas-Congo. (2010). *Plan Quinquennal de Croissance et de l'Emploi du Bas-Congo*, Matadi, p. 120

Rathjen, D. & al., 2003, *Recycling water for our cities*, Australia, 44 p.

Reavie, E. D. & Smol J. P. (1998). « *Epilithic diatoms of the St. Lawrence river and their relationships to water quality* ». Canadian journal of fisheries and aquatic sciences, 76: 251-257.

Regie de Distribution d'eau (REGIDESO). (2022). *Rapport annuel 2021*, Kinshasa, 163 Pages.

Rejsek, F. (2002). *L'analyse de l'eau.* Dunod, 9è édition, Paris, p. 1526.

Rinaudo, J-D. (2013). « *Prévoir la demande en eau potable : une comparaison des méthodes utilisées en France et en Californie* », in Dans Sciences Eaux & Territoires 2013/1(Numéro 10), pages 77-85.

Rodier, J., Legube B., Merlet N. coll (2009). L'analyse de l'eau, 9ème éd., Paris, 1579 pages.

Rot, U. & Schlichtig, B. (1994). *Regenwassernutzung – Ein Beitrag zum Gewässerschutz oder eine Gefährung für die Sicherheit unserer Wasserversorgung ?* Wasser und Boden, vol. 46, n° 11, p. 14-21.

Roth, U. (1993). *Regenwassernutzung im haüslichen Bereich*, Wasser und Boden, vol. 45, n° 3, p. 158-160.

Rudolph, K.-U. & Antoni, M. (1998). *Regenwassernutzung im Haushalt*, GWF Wasser – Abwasser, vol. 139, n° 11, p. 719-725.

Rudolph, K.-U. (1979). *Trennsysteme für die Wasserversorgung – ein altes Thema unter neuen Gesichtspunkten*, GWF Wasser – Abwasser, vol. 120, n° 5, p. 207-211.

Rump, M.-E. (1979). *Demand management of domestic water use*, J.I.W.E.S., vol. 33, n° 2, p. 173-182.

Sehreen, F., Masud M. M., Akhtar K. & Masum M. R. A. (2019). « *A contingent valuation approach to evaluating willingness to pay for an improved water pollution management system* » in Dhaka City, Bangladesh, Environmental Monitoring and Assessment, vol. 191, n° 457, pp. 1-15.

Sekalo, M., Musibono D., Nsimanda C. & Ekoko G. (2020). « Evaluation socio-environnementale des eaux de puits consommées *au quartier Mamabalako dans la ville de Mbandaka* », in International Journal of Innovation and Applied Studies, Vol. 31 No. 1 Nov. 2020, pp. 43-51

Shah, T. (1989). *Efficiency and equity impacts of groundwater markets: a review of issues, evidence and policies*, IRMA, India, 37 p.

Shima, N., Monsengo, R., Kongota, E. & Misamu S. (2020). « *Caractérisation physicochimique, bactériologique et faciès hydrochimiques des eaux des sources aménagées dans la zone de santé de Lukula, Province du Kongo Central*, in Congo Sciences, Volume 8, Number 3, pages 157-160.

Sintondji, L. O., Vissin E., Dan O. F., Dossou-Yovo E. R. & Amouzouvi D. (2017), « *Sociodemographic characteristics of households as determinants of access to water, hygiene and sanitation* » in So-Ava, Benin. Journal of Environmental Science and Public Health, vol. 1, n° 4, pp. 253-267.

Sociology water lab – Colorado Institute for irrigation management. (2003). « *The benefits and costs of pressurized dual water systems » in Colorado and the potential role of canal companies and irrigation districts in providing the pressurized irrigation water supply portion of dual systems*, Colorado State University, USA, 175 p.

Szoszkiewicz, K., Ciecierska H., Kolada A., Scheneider S. C., Szwabinska M. & Ruszczynska J. (2014). « *Parameters structuring macrophyte communities in rivers and lakes–results from a case study » in North-Central Poland. Knowledge and management of aquatic ecosystem*, 415 :8p 16. DOI: 10.1051/kmae/2014034

Tabet, D. (2002). *Schéma d'aménagement du territoire libanais – Phase I* – note de travail, Dar Al-Handasah, Beyrouth, Liban, 37 p.

Tay, R., Choi, J., Kattan, L. & Khan, A. (2011). *A Multinomial Logit Model of Pedestrian-Vehicle Crash Severity*. International Journal of Sustainable Transportation, 5, 233-249. https://doi.org/10.1080/15568318.2010.497547, consulté le 01/05/2023

Tibi, D. Z. (2021). *Les déterminants du choix d'approvisionnement en eau potable des ménages ruraux de la commune de Koudougou au Burkina Faso*, Économie rurale [En ligne], 377 | juillet-septembre, mis en ligne le 04 janvier 2023, consulté le 24 janvier 2024 à 11h56. URL : http:// journals.openedition.org/économie rurale/9135

Trefon, T. & De Putter, T. (2017). *L'eau : flux et reflux incertains*, Cahiers Africains, Musée royal de l'Afrique centrale et L'Harmattan, pp 93-118.

Tshimanga, M. R. (2018). *Notes de cours d'hydrologie générale*, Faculté des Sciences Agronomiques et Environnement, Université de Kinshasa, 152 p., Inédites.

United States Water News online. (1996). *Wells which supply unmetered water hinder conservation efforts*.

Fonds des Nations Unies pour l'Enfance (UNICEF). http://www.unicef.org/media/media_21423.html, consulté le 02/11/2023

United Nations Environment Programme. (2008). *Vital Water Graphics*, An Overview of the State of the World's Fresh and Marine Waters, 2nd Edition.

Van den Berg C. & Alexander D. (2017). *Performance des services d'eau en Afrique*, Banque mondiale, Washington, DC, 172 pages.

Vollmer, R.T. (1996). *Multivariate Statistical Analysis for Pathologists: Part I, The Logistic Model*. American Journal of Clinical Pathology, 105, 115-126. https://doi.org/10.1093/ajcp/105.1.115, consulté le 01/05/2023

Vuvu, K. A. (2021). *Evaluation de la qualité des eaux brutes et traitées distribuées par la REGIDESO à Kisantu, Mbanza-Ngungu et Kimpese*, Mémoire de licence en Sciences exactes, Département de Chimie, année académique, 2020-2021, p.126, Inédit.

Wang, X. & Abdel-Aty M. (2008). *Analysis of Left-Turn Crash Injury Severity by Conflicting Pattern Using Partial Proportional Odds Models. Accident Analysis & Prevention,* 40, 1674-1682. https://doi.org/10.1016/j.aap.2008.06.001, consulté le 01/05/2023

Wanga, B., Musibono E., Mpiana P., Mafuana L., Kiza J. & Diana. (2015). « Evaluation de la qualité physico-chimique des eaux de la rivière *Kalamu de Boma, R. D. Congo* », Journal en Ligne de l'ACASTI et du CEDESURK ACASTI and CEDESURK Online Journal, Volume 3, Numero 1, pp. 50-57.

Wanlin, P. (2007). « *L'analyse de contenu comme méthode d'analyse qualitative d'entretiens : une comparaison entre les traitements manuels et l'utilisation de logiciels dans Recherches qualitatives* », hors-série, n°3, pages 242- 272.

Yao, Y. Nlombi K. & Taladidia T. (2002). Détermination de la demande d'eau potable par la création d'un marché *fictif base sur le consentement à payer : cas de la ville de Cotonou au Benin*, Rapport, 22 pages, Inédit.

Zaizen, M., Urakawaa, T., Matsumotoa, Y. & Takaib, H. (1999). *The collection of rainwater from dome stadiums in Japan*, Urban Water, vol. 1, n° 4, p. 355-359.

www.ingramcontent.com/pod-product-compliance
Lightning Source LLC
LaVergne TN
LVHW022058200926
848481LV00003B/966

9798899661020